JN298320

エコシステムマネジメント
ecosystem management

柿澤宏昭 =著

築地書館

目 次

第1章 エコシステムマネジメントとは何か　1

1. 本書がめざすもの　1
 1.1. 日本における新たな自然資源管理の胎動　1
 1.2. 諸外国における新たな自然資源管理への取り組み　3
 1.3. 本書の目的　4
 1.4. 本書の内容　5

2. エコシステムマネジメントとは何か　6
 2.1. エコシステムマネジメント登場以前の自然資源管理　7
 2.2. なぜエコシステムマネジメントが登場したのか　8
 2.3. エコシステムマネジメントとは何か　11
 2.4. 実行に移されつつあるエコシステムマネジメント　16

第2章 アメリカ合衆国国有林の展開と構造　18

1. 国有林の展開　18
 1.1. 連邦有地の概要　18
 1.2. 国有林展開の特徴　21

2. 国有林管理のしくみ　26
 2.1. 国有林管理組織　28
 2.2. 国有林の計画体系　40
 2.3. 国有林の財政　47

第3章 国有林改革の現状と展望
 ――エコシステムマネジメントへの転換をめざして　53

1. 国有林改革の現状　53
 1.1. エコシステムマネジメントへの転換　53
 1.2. エコシステムマネジメントの実行にむけて　56

2. なぜ改革が可能となったのか　59
 2.1. 外部からの圧力　59
 2.2. 自己改革の動き　61

3. 改革の展望 *64*
 3.1. 議会 *65*
 3.2. 市民運動 *66*
 3.3. 森林局・国有林をめぐる制度的枠組み *68*
 3.4. 森林局内部 *71*

4. 改革の成否はどこにあるのか *72*

第4章 エコシステムマネジメントの壮大な実験
――北西部森林計画 *73*

1. 北西部森林計画策定の経過 *74*

2. 北西部森林計画で何が達成されたのか *75*
 2.1. 連邦有地管理方針の大きな転換 *75*
 2.2. 省庁間協力関係の飛躍的改善 *78*
 2.3. 組織改革の促進 *80*
 2.4. 本格的な地域政策の開始 *81*
 2.5. 新しい資源管理の手法を実行するための装置 *84*

3. 北西部森林計画の問題点 *85*
 3.1. 計画策定過程に関わる問題点 *85*
 3.2. 制度に関わる問題 *86*
 3.3. 地域政策に関する問題 *88*
 3.4. 実行の装置に関する問題 *89*
 3.5. 計画をめぐる社会的・政治的環境の問題 *90*

第5章 新しい市民参加を求めて
――エコシステムマネジメントのもとでの新たな挑戦 *91*

1. アメリカ合衆国国有林における市民参加の問題点 *91*
 1.1. 計画制度とその背景に関する問題 *92*
 1.2. 市民参加の過程や手法に関わる問題 *94*
 1.3. 職員の態度の問題 *95*

2. エコシステムマネジメントと市民参加 *97*
 2.1. 生態系のまとまりを扱う問題 *97*
 2.2. 市民参加をより実質化させる問題 *99*

     2.3. 柔軟な管理体制への対応　*100*

　3. 市民参加の新しい展開　*101*
     3.1. 組織内部での改革への努力　*101*
     3.2. 国有林の枠を超えた共同関係の構築へ
         ——アップルゲート・パートナーシップの事例を中心として　*106*

　4. 市民参加の新しい姿を求めて　*112*

第**6**章　**州政府による自然資源管理のしくみ**
　　——**森林を中心として**　*114*

　1. 州自然資源管理の歴史と概況　*115*
     1.1. 州森林政策の展開　*115*
     1.2. 森林政策の現状　*118*
     1.3. 森林政策を行う州政府行政組織　*119*

　2. ワシントン州における自然資源管理　*121*
     2.1. ワシントン州自然資源局　*122*
     2.2. ワシントン州魚類野生生物局　*125*
     2.3. ワシントン州州立公園・レクリエーション委員会　*126*
     2.4. ワシントン州における自然資源管理制度のまとめ　*128*

第**7**章　**協定に基づく森林環境保全**
　　——**環境ADRの可能性と限界**　*130*

　1. 森林施業規制と環境ADR　*130*
     1.1. 森林施業規制の必要性とそのあり方　*130*
     1.2. 環境ADRの概念と本章の課題　*132*

　2. TFW協定の成立　*133*
     2.1. ワシントン州におけるサケ資源をめぐる状況　*133*
     2.2. TFW協定の源流としての2つの紛争　*134*
     2.3. TFW協定の成立　*135*
     2.4. TFW成立の条件　*137*

　3. 森林施業規制の内容としくみ　*139*
     3.1. 森林施業規則の内容　*139*
     3.2. 規制を行うしくみ　*142*

4. 継続的過程としてのTFW *144*
      4.1. TFWはどのように森林施業規制の
           3つの課題にアプローチしたのか *144*
      4.2. 継続的な合意形成過程を成立させた条件について *147*
   5. TFWにおける環境ADRの限界 *148*
      5.1. 弱者の参加の限定 *148*
      5.2. 地域資源管理視点の欠如 *149*
      5.3. 市民参加の不在 *150*
   6. 流域管理にむけて *150*

第8章 エコシステムマネジメントの収斂としての流域管理 *156*
   1. 注目を集める流域管理 *152*
   2. なぜ流域管理なのか *154*
   3. 連邦政府における流域管理への取り組み *156*
      3.1. 環境保護庁の流域保全アプローチ *156*
      3.2. 森林局の流域保全アプローチ *159*
   4. ワシントン州における流域管理にむけた取り組み *160*
      4.1. 事業による流域保全――「環境のための雇用創出」事業 *160*
      4.2. 誘導による流域保全
           ――保全地区による環境保全型農業経営への転換支援 *163*
      4.3. 流域保全にむけた枠組みづくり *166*
   5. 流域保全にむけた住民運動の展開 *169*
      5.1. 全国レベルの運動 *169*
      5.2. ワシントン州における流域保全運動の組織化 *171*
   6. 流域保全活動の事例――ニスクオーリー川協議会 *173*
   7. 流域保全活動の基礎条件と展望 *176*

第9章 日本の自然資源管理のパラダイム転換にむけて *179*
   1. パラダイム転換を行うための基礎条件 *180*
      1.1. 市民参加 *180*
      1.2. 職員の多様性・専門性 *181*

1.3. 科学性の確保　*182*
　　　1.4. 資源管理の主体としての市民の成長　*183*
　2. **パラダイム転換――何に、どう備えなければならないのか**　*183*
　3. **パラドックスを超えて**　*192*

おわりに　*194*
参考文献　*197*
索引　*203*
著者略歴　*208*

第1章　エコシステムマネジメントとは何か

1.　本書がめざすもの

1.1.　日本における新たな自然資源管理の胎動

　森林・河川・野生生物といった自然資源の保全を図るため、人々は社会運動を通して政府や企業に保全のための行為を要求したり、自ら保全に関与しようとし、またこうした運動を受けて政府や企業などは保全にむけた施策を実行に移してきた。本書では以上のような取り組みを総称して自然資源管理という言葉を使うこととするが、この自然資源管理のあり方は1980年代後半以降大きく転換しつつあると考えられる。

　例えば、知床国有林伐採問題や青秋林道建設問題をきっかけに活性化した原生林保護運動は、人間の手が入らない原生林をそのまま保護することの重要性を改めて問いかけた。また、これら原生林保護運動はこれまでの都市を基盤として自然破壊を告発する運動から、地域の人々が地域の自然資源・環境を保全するという運動へと大きく性格を転換しており、地域社会から切り離された「貴重な自然」を守るのではなく、自然保護と地域社会のあり方を同時に議論しようとする視点をもっていた。[1]

　一方、1980年代後半には北海道や宮城県気仙沼等で、水産資源保全のために漁業者が森林を取得したり植樹を行うといった活動も始まった。沿岸水産資源を保全するためには、河畔林や河川上流の森林を保全するなど、流域全体を視野に入れた保全活動の必要性が広く認識されてきたことがその背景として指摘できよ

う。これまで森林保全の担い手としてまったく登場してこなかった主体が、新たな視点から森林保全の必要性を主張し、自ら活発な活動を展開してきている意義は大きい[2]。

　もうひとつ、近年の市民による保全運動として重要なのは「森林ボランティア」である。都市住民が、放置された人工林管理に少しでも貢献したいという意識から生まれたのが森林ボランティア活動であり、今日では、全国的なネットワークができるまで活動の広がりをみせている。かつて都市住民の森林への関心は原生林保護など自然保護的な分野に集中していたが、この運動は人工林という林業経営分野にまでその関心を広げていること、自ら山村に足を運び作業を行い、山村や林業経営の現状を実体験していること、そしてそれをもとにより深く森林政策に関与しようとしている点で画期的な運動であるといえる[3]。

　以上述べてきた事例は、新しい自然と人間の関係の創造をめざした動きの一部にすぎない。生態系の複雑なつながりを認識し、切り離された生態系と人間のつながり、都市と山村など切り離された人間と人間のつながりを回復させようとする新たな運動や政策が各地で生まれはじめている。鬼頭秀一は、現在の自然と人間の関係を、有機的な連関を絶ちきられた「切り身」の関係と捉え、その全体的な結びつきの回復を主張しているが[4]、こうした人間と自然の全体的な関係を追求する動きが現実化しつつあるといえよう。

　しかし、以上のような新しい動きは、断片的、部分的に現れている段階にとどまっており、特に具体的な政策化、制度化への動きはあまり進んでいないのが現状である。確かに環境アセスメント制度の法制化や河川法の改正など、環境保全にむけた新たな制度や政策の展開は始まりつつあるが、それはまだ「始まりの始まり」という段階にとどまっている。また、制度・政策だけではなく、社会的経済的なシステムも新しい資源管理の動きに対応できるようには変革されていない。だから、個々の新しい動きが新たな展開の方向を打ち出せない状況が各地で生じているのである。

　個別的な新しい動きをつないで広域生態系を保全したり、流域を保全するといった取り組みは、これまでの資源管理の枠組みを大きく転換すること、すなわち既存の社会的・制度的システムを改変することを迫っている。しかし、既存のシステムは強固であるがゆえ、これらの試みは苦闘を強いられざるをえない。日本

における新たな自然資源管理にむけた取り組みは、既存の社会的・制度的システムをどう変革するのかという課題に正面から取り組まなければならない段階に入っているといえるのである。

1.2. 諸外国における新たな自然資源管理への取り組み

　新しい自然資源管理のあり方の模索は他の先進国では日本に先駆けて進んでいる。例えばヨーロッパ諸国をみれば、ドイツでは広域生態系保全をめざしたビオトープネットワークの形成に全国的に取り組んでいるし[5]、スウェーデンでは生態系保全を基礎とした森林管理の追求を国有林の民営化という行財政改革と並行して進めている。一方オセアニアに目を転じれば、ニュージーランドにおいては大気・水・土地を地方自治体が総合的に管理するという法制度を導入しており[6]、オーストラリアでは農民を主体とした自発的な土地保全運動に基礎を置いた流域保全を全国的に展開してきている。また、これら先進国ではもともと市民参加制度を積極的に導入した自然資源管理を行っていたのであるが、さらに市民と行政が対等な立場で協力するといった新たな段階の「参加」を実行しつつある。

　欧米諸国のなかでも、新しい自然資源管理のあり方について理論化と実行の両面でリードしている国としてアメリカ合衆国があげられる。アメリカ合衆国は絶滅危惧種の保護に総合的に取り組み、市民参加による環境アセスメント制度を導入するなど、自然資源管理の面において時代の最先端の取り組みを行ってきた。自然保護に取り組む市民運動も長い伝統をもち、政策決定にも大きな影響力をもつ強大な組織をつくり上げており、また市民一般の自然環境保全に対する関心も高い。このような基盤に立って、エコシステムマネジメントという新たな自然資源管理のあり方が提唱されている。

　今日のアメリカ合衆国の自然資源管理の基本的な概念となりつつあるエコシステムマネジメントは、自然資源管理思想のパラダイム転換をめざしているものであり、生物多様性の保全など今日的な自然資源管理への要求に応えつつ、それを可能とさせる新たな社会と自然との関係を模索しようとするものである。そして、それは単に「思想」として語られるのみではなく、全国的に様々なレベルでの実践を伴っているのであり、連邦政府が率先してその導入に取り組んでいるだけで

はなく、NGO（非政府組織）や民間企業が下からの取り組みを進めている。また、こうした取り組みに関わる研究活動も活発であり、実行を支える生態学をはじめとする自然科学とともに、社会と自然との新たな関係構築をめざした社会科学、さらにはエコシステムマネジメントの概念自体に関わる理論的な追求も積極的に行われてきている。

1.3. 本書の目的

　日本のこれからの自然資源管理のあり方を考えるうえで、日本に先駆けて新たな自然資源管理の構築をめざし、古い体制への挑戦を行い、これを変革し続けてきているこれら諸国の経験を学ぶことは極めて重要である。新たな自然資源管理に取り組もうとしたとき、何が障害として立ち現れ、それをどのような方向性で解決していくべきなのかについて貴重な情報を提供してくれるからである。強固な既存の社会的・制度的システムへの挑戦を本格的に開始するという極めて困難な仕事にこれから取りかからなければならない以上、じっくりと先達の教訓を学ぶことが求められている。これまで、次の一歩をどう踏み出すかという観点から欧米諸国の先進的な成功事例は紹介されているが、一歩を踏み出したとき、そこにどのような問題が待ち受けているのか、どのような苦闘を強いられているのかについては十分検討されているとはいえない。本書において焦点を当てたいのはまさにここのところにある。

　諸外国の経験を学ぶ場合、アメリカ合衆国は欧米諸国のなかでも自然資源管理の最前線を走っているという点で、最も豊富な教訓を提供してくれると考えられ、研究対象として優れているといえる。そこで本書では、アメリカ合衆国におけるエコシステムマネジメントと呼ばれる新しい自然資源管理をテーマに設定することとしたい。

　本書のまず第1の目的は、エコシステムマネジメントという新しい考え方のもとで、アメリカ合衆国は自然資源管理のあり方をどのように転換しようとしているのかを明らかにすることである。ここでは新しい自然資源管理の方向性だけではなく、それを支えるための社会システムをどのように形成していこうとしているのかについても検討してみたい。

第2の目的は、以上のような転換を行うにあたって障害となる社会システムや制度はどのようなものであったのか、その障害をどのように乗り越えてきたのかを明らかにすることである。自然資源管理のあり方の転換といっても、単に森林の取り扱い方を変えるといったレベルの話ではなく、自然と人間の関係、自然資源管理に関わる人間と人間の関係の転換という、「パラダイム」転換をめざすものである以上、既存の社会的・制度的システムとの間で大きな軋轢を起こさざるをえない。こうした問題を具体的な実例を通して把握するとともに、どのような対策をとることができるのか、今後の課題は何かを論じたい。

　エコシステムマネジメントは幅広い自然資源管理を扱うものではあるが、議論の拡散を防ぐため、森林を中心に叙述を展開し、総合的な自然資源管理の方向に議論をつなげていくこととする。

1.4.　本書の内容

　叙述の順序であるが、次節において、エコシステムマネジメントの概念について整理を行う。エコシステムマネジメントは自然資源管理の「思想」という性格をもち、抽象的な説明ではわかりにくい点があるかもしれないが、なぜエコシステムマネジメントという考え方が生まれてきたのか、何をめざそうとしているのかについて整理しておくことは、アメリカ合衆国自然資源管理をめぐる概況と新しい方向性を理解するために欠かせない。

　本書の前半部分では、連邦有地、とりわけ国有林に焦点を当て、その改革の現状と課題について論じるが、まず第2章で国有林管理のこれまでの経過を振り返り、管理システムの概要を述べる。第3章においてエコシステムマネジメント導入に関わる国有林改革の取り組みについて検討を行い、さらに第4章において具体的なエコシステムマネジメント導入の事例として北西部森林計画を取り上げ、どのような成果をあげ、どのような障害にあたっているのかについてみる。自然資源管理に関しては近年市民参加の重要性が認識されていることから、第5章においてエコシステムマネジメントを進めるにあたってどのような市民参加が求められているのか、それにどう応えようとしているのかについて明らかにしたい。

　次に州レベルのエコシステムマネジメントの取り組みについて述べてみたい。

合衆国では州政府が強い内政権限をもっており、各州ごとにユニークな自然資源管理の取り組みが行われている。そこでまず、第6章で州レベルの自然資源政策・組織機構のしくみについて概観したうえで、第7章でワシントン州における森林施業*規制について議論する。個人の財産である私有林の管理に対して生態系保全の立場からどのような規制が可能なのかについて焦点を当て、関係者の合意をもとに形成していった施業規制プロセスの現状と課題についてみることとしたい。さらに、総合的な自然資源管理として流域保全がひとつの焦点となっていることから、第8章において流域管理の現状について述べる。ここでは全国的な動向を踏まえたうえで、特にワシントン州における流域管理の形成についてみることとしたい。

最後に第9章において、アメリカ合衆国の経験からわれわれはどのような経験を学ぶべきなのかについてまとめることとする。

2. エコシステムマネジメントとは何か

平成10年（1998年）度の林業白書と環境白書は、ともにエコシステムマネジメントという考え方を、新しい森林管理・環境保全の方向性として取り上げている。新しい自然資源管理パラダイムとして体系化され、多様な実践が行われつつあるエコシステムマネジメントは日本においても新しい資源管理の方向性として注目を集めつつある。本節では最初にアメリカ合衆国における自然資源管理の歴史を簡単に振り返った後、第1にエコシステムマネジメントが生まれた要因、第2にその内容、第3に実行の概況についてみることとしたい。なお、エコシステムマネジメントを日本語に直訳すると「生態系管理」となるが、生態系管理という言葉は管理技術・手法を意味するととられやすく、本来エコシステムマネジメントがもっている人間社会も含めて総合的に資源管理を考えるというニュアンスを読み取りにくいため、日本語に置き換えずにエコシステムマネジメントという言葉をそのまま使うこととする。

---

*──森林施業とは、伐採や造林・育林など森林の取り扱い一般を指す。

2.1.　エコシステムマネジメント登場以前の自然資源管理[7]

　アメリカ大陸への植民が始まり、西部に向かって開拓が進められた時期は、広大な未開発の土地を前にして、自然資源は無尽蔵に存在すると考えられ、資源の持続性を顧慮することなく開発が進められた。政府の資源政策は安価で土地を売却して民間による開発にまかせるというものであり、自然資源「管理」と呼ばれる概念はなく、例えば森林に関しても伐採跡地の更新を一切考えることなしに、次々と未開発林に手をつけるということを繰り返してきた。それは「カットアンドラン」——伐り逃げ——と呼ばれるようなものであり、五大湖周辺の森林やアパラチア山脈の森林などが急速に開発されていった。

　19世紀の終わりになると、将来的な木材不足と、伐採跡地からの土砂流出によって舟運が阻害されることが懸念されるようになってきた。ここで登場したのが「保全運動（Conservation Movement）」である。この運動は、連邦政府に対して資源を賢明に利用しつつその保続を図ること、すなわち資源の「保全（Conservation）」を要求し、次第にその影響力を強めていった。この運動を受けて連邦政府は土地払い下げ政策を転換して国有林を創設するなど持続的な資源管理をめざして資源政策を大きく転換したのであり、この時期は「保全の時代（Conservation Era）」と呼ばれている。*

　この時期に定着した「保全」という考え方は、エコシステムマネジメントが登場するまで合衆国の資源管理の基本となっていた。この考え方は、人間が資源利用を行いつつ資源の保続を図るという功利主義的な考え方を基本としており、具体的な管理の実行は専門教育を受けた技術者が専門知識を生かして行うべきであると論じた。これに基づいて、技術者を育成するための高等林学教育や、専門知識に基づく管理を行うための国有林管理体系などが整備されてきたのである。

　一方、人間による利用を前提とする「保全」に対して、人間の介入をできるだけ排除しようとする「保護」という考え方も19世紀末に生まれ、国立公園制度の創設などに結実していった。しかし、例えばヨセミテ国立公園におけるダム建設計画に関して自然保護の立場からダム反対を主張した「保護」派が、利用しつつ

＊——本書では保全という語を、「保護」も含めた幅広い概念として用いる。ここで述べた保全運動の意味で保全という語を用いるときは「　」書きで表記することとする。

「保全」するという観点からダム賛成に回った「保全」派に敗れる、あるいは国立公園の管理運営に際してレクリエーション利用が重視されるなど、合衆国自然資源管理の基本は「保全」にあったということができよう。

　第二次世界大戦以降急速に増大した国民のレクリエーション要求、さらに1960年代以降高揚する環境保護運動に対応するため、資源の多目的利用や自然保護をめざす法律の制定が行われてきた。しかし、政府による資源管理の基本路線に変化はなく、あくまで人間の利用を前提とし、人間の利用が最大限満たされるようにする功利主義的な考え方を前提とした資源管理が続けられてきた。

2.2.　なぜエコシステムマネジメントが登場したのか

　20世紀に入ってからの合衆国自然資源の基本的考え方は「保全」であったが、1990年代に入ってエコシステムマネジメントが「保全」にとってかわりつつある。ここではエコシステムマネジメントという新しい考え方がなぜ生まれたのか、なぜ「保全」概念を駆逐しつつあるのかについて、生態系に対する科学的知識の発展と、自然資源管理に対する社会的要求の変化という2つの側面から検討することとしたい。

生態学の発展

　近年の生態学を中心とした研究の発展は、これまでの自然認識の誤りや不完全さを次々と明らかにしてきており、古い自然認識のうえに立った資源管理のあり方を時代遅れのものにしつつある。これについてピケットの整理をもとに述べてみると次のようになる[8]。

　①〈生態系は閉じたシステムではない〉これまで、個々の生態系は閉じた独立したシステムであって、個々の部分のみを取り出して管理できると考えられてきた。例えば、国立公園の管理は国立公園指定地域内だけで考えていればよかったし、森林は森林、河川は河川、など分野ごとに管理されてきた。しかし、生態系は相互に複雑に絡み合ったシステムであり、個々の生態系を個別的に管理の対象としていては生態系の保全は達成できないことが明らかになってきた。このことは人為的な行政界の枠組み、分野別行政の枠組みの

なかで自然資源管理を行うことが不合理であることを示している。

②〈生態系には決まった遷移過程と特定の均衡点があるわけではない〉「裸地→草原→陽樹による森林→陰樹による森林という過程をたどって最終的に安定的な均衡点としての『原生林』に到達するのが植生遷移の典型例である」と、生物学の教科書で教えられた読者も多いかと思う。こうした考え方はある一定の生態系には決まった遷移過程と安定した均衡点があるということを前提としたものである。しかし、生態系には火災・病虫害・風や雪などによる気象害といった攪乱が生じることが普通であり、こうした攪乱は生態系の構造や過程を変化させ、決まった遷移過程や特定の安定した均衡点は存在しないということが明らかになっている。

③〈複合的影響を認識する〉これまでの資源管理は、生態系に対して行ったある行為の直接的な結果のみを視野に入れてきた。例えば伐採や林道の作設に関して、余った土砂を渓流に投棄して水質や河川生態系に悪影響を与えるということは問題にされてきたが、伐採跡地や林道から降雨の影響などで細かい土砂が河川に流出し続け、魚類の産卵域を破壊するなどといったことは問題にされず、管理の視野に入ってこなかった。流域全体の生態系保全を考えた場合、流域内での人間行為や自然現象が複合して様々な影響を生態系に与えることがわかっており、このような複合的な要因による影響を認識して管理行為に組み込む必要がある。

④〈不確実性を前提とする〉近年の生態学の発展は、上記のように新たな自然認識の基礎を与えつつあるが、一方で生態系は複雑であり、わからないことがたくさんあることも明らかにしてきている。このことは生態系に関する理解が十分ではなく、不確実性を抱えているなかで、新しい自然資源管理の試みを行うことが必要であることを示している。不確実性を処理できるしくみを管理行為自体に組み入れる必要があるのである。

以上は、新たな知見のうちでも代表的なものを示したものであり、このほかにも既存の自然認識を変革する研究成果が次々と明らかになっている。

さらにこのような研究成果を基礎として、生態学分野を中心とする研究者は1980年代に入って自然資源管理の方向性の転換を訴えて積極的な提言を始め、こうした提言に基づいた管理が試験的に国有林などで行われはじめた。また、例え

ば森林官の職業団体であるアメリカ森林官協会が職業倫理綱領のなかに「生態系を総合的に保全すべし」という原則を加えるなど、資源管理の専門家の間でもこれまでの管理のあり方を反省して新たな方向性を打ち出そうとする努力が行われてきた。[9]

　以上のような新たな自然資源管理のアプローチはエコシステムマネジメントという概念に集約され、理論的な構築が行われるとともに現場での実行が試みられてきているのであり、エコシステムマネジメントは研究者・資源管理の専門家の間で次第に市民権を獲得していったのである。

「救世主」としての期待——行き詰まった現状の打開

　1960年代から本格化した環境保護団体による自然資源管理に対する異議申し立ては、80年代に入ってますます活発となってきた。この背景としては、残り少なくなった原生林面積がさらに減少するなど、生態系の劣化が一層深刻になってきたこと、環境問題を軽視するレーガン・ブッシュ政権の下で環境政策が後退してきたことへの反発から、環境保護運動が急速に先鋭化したことなどが指摘できる。

　一方でこれに対抗して開発利益を守ろうとする反環境保護運動も活発化している。1960年代以降整備されてきた一連の連邦環境保全法制度によって、伐採などの開発行為が規制されることによる不利益を被ってきた農山村住民は、さらに先鋭化する環境保護の動きに危機感を募らせ、地域の生活を守るという立場から環境保護運動に対抗する姿勢を強めたのである。[10]

　このように世論が両極化するなかで、自然資源管理の方向設定はますます難しくなってきた。例えば国有林を管理する森林局は、環境保護運動の圧力や裁判での敗訴などもあって、1960年代には多目的利用を明確化し、70年代には環境アセスメント制度を取り入れた新しい管理計画制度を導入した。しかし計画制度は変えたものの、木材生産を中心とする管理のあり方を大きく変更せず、生物多様性の維持への配慮を欠いていたことから引き続き自然生態系を劣化させてしまった。特に北西部においては原生林の急激な減少を生じさせたために環境保護運動の激しい攻撃を受け、相次いで訴訟を起こされることとなり、法廷において次々と環境保護団体の主張を支持する判決が下されたこともあって、伐採量を急減させざるをえなくなった。ところがこの方針転換は、これまで木材伐採に依存して

きた山村地域の強い反発を招くこととなり、開発と保護に両極化する世論の前に森林局は八方ふさがりの状況に追い込まれてしまったのである[11]。

このような状況を打開し、国民の信頼を回復し、安定した国有林管理を展開する基盤を確立するためには、問題を引き起こす原因となってきたこれまでの経営理念に決別し、新しい経営理念を提示し、国民の了解を得る必要があった。そして、この新しい経営理念は最新の生態学の知識に基づいた生態系の保全・保護をめざしつつ、国有林に関心をもつ多様な人々——木材生産の場として関わる人から原生的自然を求める人々まで——をも視野に含めたものでなければならなかった。

これに対して、エコシステムマネジメントは最新の生態学に基づく新たな生態系保護・保全の方向性を打ち出しているだけではなく、その実行のためには生態系に関わるあらゆる人々の協力関係の構築が不可欠であることを提起していた。すなわち単に新しい生態系保全の方向性を打ち出しているだけではなく、人間社会と生態系の密接な結びつきを統一的に考えるという観点をもっていたのである。そこで、森林局はエコシステムマネジメントという概念に注目し、国有林の現状と照らしあわせつつ森林局としてのエコシステムマネジメントの定義を行い、これを膠着状況打開の切り札として基本方針に据えたのである[12]。

以上のような自然資源管理をめぐる世論の両極化と、生態学の発展による既存の経営理念の陳腐化に直面したのは、森林局だけではなく、他の連邦・州政府の自然資源管理機関や環境規制官庁、さらには大規模社有林を抱える林産企業なども同様であった。また、対立が先鋭化し自然資源管理をめぐる状況が膠着してしまったことに対する反省が各地域で芽生えはじめ、多様な利害をもった地域の人々が協力して、地域に根差した資源管理をつくり上げようという動きも生まれはじめていた。1993年に発足したクリントン政権がエコシステムマネジメントの導入に積極的な姿勢をみせたこともあって、エコシステムマネジメントは局面を打開する新しいパラダイムとして急速に受け入れられはじめたのである。

2.3. エコシステムマネジメントとは何か[13]

それではエコシステムマネジメントとは一体どのような内容をもつ概念なのだ

ろうか。最初に述べておかなければならないことは、エコシステムマネジメントに唯一の定義があるわけではないということである。その理由としては、第1に既存の自然資源管理の概念を根本的に変革しようという極めてスケールの大きな内容をもっているため、研究者の間でもその定義に関して合意が形成されているわけではないことがあげられる。第2には前述のように、現状打開の切り札として、様々な官庁や企業が独自の解釈に基づいて極めて幅広い定義を行っていることが指摘できる。ディープエコロジーを信奉する生態学者から林産企業までが、エコシステムマネジメントという言葉を使っているわけであり、統一した定義の合意ができないことはあたりまえともいえよう。ただし、基本的な内容については合意が形成されつつあるので、ここではこれまでの議論をサーベイし、最大公約数的な内容を示すこととしたい。なお、代表的なエコシステムマネジメントの定義についてはボックス1に示した。

まず第1に指摘しなければならないことは、エコシステムマネジメントは生態系の持続的管理をめざした基本的な「考え方」であるということだ。生態系の持続可能性を保証する管理を行うという大きな目標を掲げ、これを達成するための基本的な考え方や方向性を示したものであり、単に個別具体的な管理手法を示したものではないことに注意する必要がある。

第2に生態学をはじめとする諸科学の新しい知見に依拠して新しい生態系管理の方向性を示している。その主要なポイントをまとめると以下のようになる。

①自然資源の管理目標を、成長量や木材生産量、あるいはレクリエーション利用者数といったアウトプットに置くのではなく、どのような生態系を実現するのかという「状態」に置き、その目標にむけてどのような行為を行うのかを管理の方針とする。生態系の持続それ自体に目標を置くのであり、アウトプットはあくまでその結果としてでてくるものである。

②より大きな時間的・空間的スケールのなかで管理を行う。先にも述べたように生態系は様々なレベルの時間的・空間的要素が複雑に絡み合って成立しており、この複雑な絡み合いのなかで常に変化しているシステムである。このために、人為的な土地境界や森林・河川・野生動物といった分野を超えて、また長期的・短期的な視点を組み合わせて、総合的に資源管理に取り組む必要がある。

第3に人間も生態系の一員として捉え、人間社会と生態系を統一的に考えるこ

> **ボックス1・エコシステムマネジメントの代表的な定義**
>
> **アメリカ生態学会特別委員会──生態学者による最大公約数的定義**
> エコシステムマネジメントは生態系の構成・構造・機能を維持させるために必要な、明確な目標をもって、政策・協定によって実行され、生態系の相互作用と過程に関する最善の知識に基づく研究とモニタリングによって方向修正される管理である。
>
> **アメリカ林産業協会──木材生産・利用者による定義**
> 生態系の健全性と生産性を維持・増進する一方で、社会的・生物的・経済的に許容可能なリスクのなかで、人類の必要と要求に応えて基本的な商品とその他の価値を生産する、資源管理システムである。
>
> **R. グルンバイン──生物中心的な傾向をもつ思想家・生態学者**
> 生態系を長期間にわたって保護するという目標にむけて、複雑な社会的・政治的および価値枠組みのなかで、生態的関連性に関わる科学的知識を統合するものである。
>
> **アメリカ合衆国森林局──連邦官庁で最も早くエコシステムマネジメントを基本方針として採用**
> 人々の要求と環境の価値を調和させつつ、多様かつ健全で持続的な生態系を保持するように国有林を管理するために、生態学的アプローチを用いること。

とを主張している。この考え方は図1-1のように示されることが多く、経済的に実行可能であること、社会的に受容されうること、健全な生態系を維持できることの3つが同時に成立しうる管理のあり方を探るものとされているのである。経済・社会・生態系を切り離して考えてきたことが、今日の自然資源管理に関わる諸問題を引き起こしてきた大きな原因であるとして、社会と自然の新たな関係構

図1-1 エコシステムマネジメントという選択

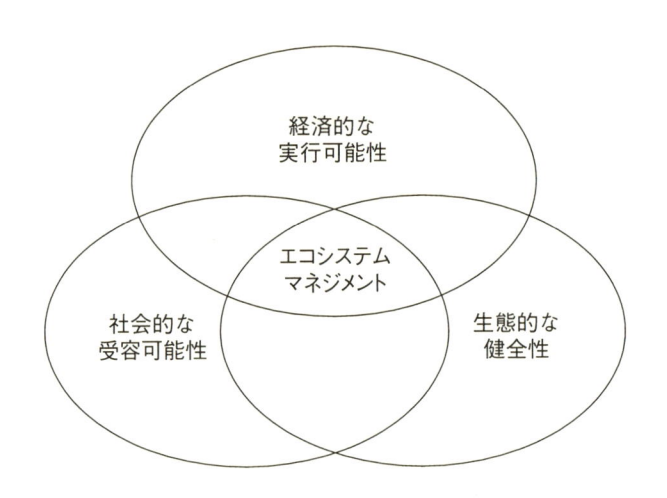

(ベン図：経済的な実行可能性／社会的な受容可能性／生態的な健全性 の三つの円が交わる中央に「エコシステムマネジメント」)

築を行うことを射程に入れているといえよう。

　第4に実行にあたっては共同・協力を重視している。上述のように個別的な土地所有の枠を超え、縦割りの分野を超えて管理を行うことが必要である以上、土地所有や縦割り行政システムの枠を超えた協力関係の構築は避けて通れない。また人間を生態系の一員とする新たな資源管理のあり方を考えるためには、広範な専門性・価値観をもった人々が議論に参加することが不可欠であるし、新たな資源管理方針の社会的な受容性を確保し、実行に移すためには、社会的に課題意識が共有され、資源管理方針に関わる共通の理解と納得が得られていることが前提となる。そもそも、エコシステムマネジメントが新たな社会と自然との関係を構築しようとしているということは、われわれの生活のあり方自体をも変革することを求めていることを意味しているのであるが、資源を管理する専門家や組織が新たな方針を決定したからといって人々の生活のあり方を変革できるわけはない。市民との共同関係の構築なくしてエコシステムマネジメントは実行することはおろか、構想することもできないのである。以上のような意味で、エコシステムマネジメントを実行に移すにあたって、共同・協力関係の構築が不可欠なのである。

図1-2　適応型管理の模式図

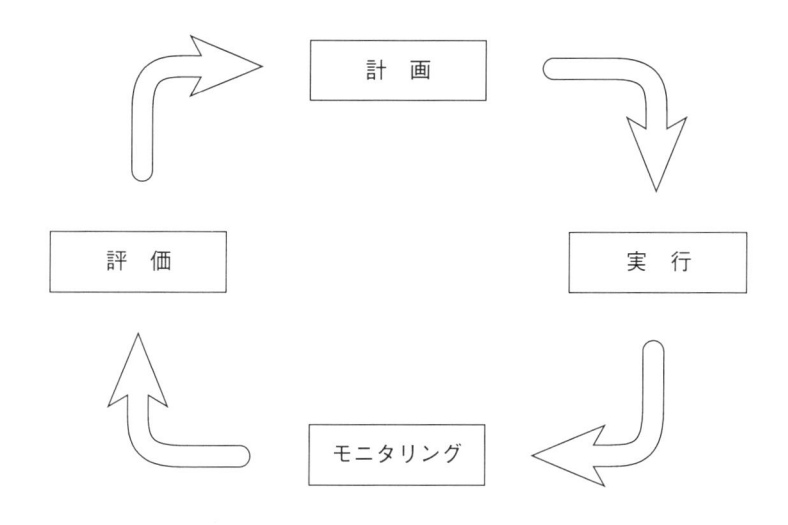

　　　　　計画
評価　　　　　　実行
　　　　モニタリング

　第5に生態系に関する知識が不確実な要素を含むものである以上、不確実性を処理できるシステムが導入されなければならない。そこで提唱されているのが適応型管理（Adaptive Management）である。これは計画の実行過程をモニタリングし、モニタリングの結果を分析・評価し、最新の科学的知識とあわせて、必要な計画の修正を行うというものである（図1-2）。これまでの自然資源管理は決められた計画を実行し、計画が失敗するとまた最初から新しい計画を立てて実行するということを繰り返すのが一般的であった。しかし、こうした手法を取っていては複雑な生態系を相手とした管理が困難であるばかりでなく、対応が手後れになるといった危険性をもつ。これに対して適応型管理は、ある一定の時点での最良の知識をもとにして最善の決定を確保することができるのであり、不確実性を前提としつつ、知識や研究の進展にあわせて管理のあり方自体をも発展させることができるという点で優れている。ただし、適応型管理を実行に移すためには、人手と金のかかるモニタリングを行いその結果を分析する体制を整えること、またいったん下した決定や、資源管理の組織、予算の使い方を変更することができる柔軟な体制を構築することが求められている。
　第6にこれまで述べてきた、生態系の望ましい状態を目標とすること、共同関

係を構築すること、適応型管理を実行に移すことは、分権的な資源管理のシステムを要求している。望ましい生態系の状態とは何かということは、基本的にはそこに暮らす人々によって決められるべき課題であるし、共同関係は上から押しつけられて形成できるものではない。また適応型管理は、地域としてモニタリング体制を整備し、この結果を議論して柔軟に管理に反映するというまさに地域に密着した資源管理のあり方を求めている。エコシステムマネジメントは分権的なシステムのもとでしか機能しえないといえる。

カイ・リーという環境科学の研究者はその著書「コンパスとジャイロスコープ」のなかで、エコシステムマネジメントを海図なき海原に船出していくような新たな挑戦であるとして、進路を指し示すコンパスとして適応型管理、そして自分たちのいる位置を確認するためのジャイロスコープとして真摯な議論をあげている[14]。エコシステムマネジメントは自然資源管理の新たな考え方を提示したものではあるが、その具体化の作業は始まったばかりであり、明確な将来像が描けているわけではない。ひとつひとつの新しい資源管理にむけての実践が、それぞれエコシステムマネジメントの最前線を形成しているということができよう。

2.4. 実行に移されつつあるエコシステムマネジメント

次にエコシステムマネジメントがどの程度実行に移されているのかについてみてみよう。

まず連邦官庁についてみてみると、前述のように1992年に農務省森林局がエコシステムマネジメントを基本方針に据え、さらにクリントン政権が積極的に導入する姿勢を示したことから、内務省土地管理局・魚類野生生物局・国立公園局といった主要な土地管理官庁が相次いでエコシステムマネジメントを基本方針として設定した。さらに、1993年にはホワイトハウスに次官級の政府職員によって構成される省庁間エコシステムマネジメント作業グループが設立され、情報交換や政策調整を行ったほか、連邦政府として重点的にエコシステムマネジメントに取り組む地域が示され、森林に関してはシエラネバダ山脈、コロンビア川上流域、アパラチア山脈南部においてエコシステムマネジメントに取り組むためのアセスメント作業が開始された。

このように連邦政府が急速にエコシステムマネジメントに取り組みはじめた背景には、クリントン政権の誕生と、環境を重視する民主党が上下両院を握るという中央政界の状況変化があった。しかし、エコシステムマネジメントに対して消極的な共和党が1994年中間選挙で大勝し、上下両院で多数派を占めたことによって、早くも連邦政府のエコシステムマネジメントの実行に対してブレーキがかけられることになった。エコシステムマネジメントを実行するための新たな政策形成や法制度の導入は、議会の抵抗にあって膠着状態に陥り、また予算配分上でも冷遇され、多くの中央官庁はエコシステムマネジメントを基本方針としたもののその実行に大きな困難を抱えている。しかし一方で、いずれの官庁、そして議会も、エコシステムマネジメントに代わる新たな方向性を打ち出しえないのも事実であり、現場レベルでの地道な実践は着々と進められつつある。

　さて、こうした現場レベルでのエコシステムマネジメントの展開は、連邦政府機関だけではなく、州政府や自治体、さらには環境NGOなど様々な主体の協力によって行われている。1996年に合衆国のこうした取り組みの事例について総括した書籍が出版されているが、ここでは全国におけるエコシステムマネジメントの実践とされるプロジェクトが719件もリストアップされている[15]。この書籍では重要と考えられる103件のプロジェクトについて分析を行っているが、これらプロジェクトの対象は森林・河川・農地などの土地利用から道路建設などインフラ整備に関わるものまでに及び、NGOが参加しているものが全体の8割にのぼるほか、7割以上が公有地だけでなく私有地を含めて実施されている。また、取り組みの成果として74%のプロジェクトが協力関係の向上をあげているほか、成功した要因として61%が多様な主体の共同、59%が市民の支援をあげている。

　各地域において様々な主体が協力し合って、様々な自然資源を対象として新しい資源管理の試みを進めつつあることが明確に示されており、エコシステムマネジメントは幅広い裾野をもって実行に移されてきているといえる。

第2章 アメリカ合衆国国有林の展開と構造

　アメリカ合衆国国有林は日本の国土の2倍を超える総面積7630万ヘクタールという広さをもち、国民の要求に応えた森林管理をめざして科学的経営と市民参加のシステムをつくり上げてきた。今日、国有林管理の方向性をめぐって世論が両極化し政治問題化するなかで、国有林を所管する農務省森林局はエコシステムマネジメントを基本方針として新たな展開を試みはじめており、合衆国国内においてのみならず国際的にも自然資源管理の最前線を形成しているということができる。そこで本章以下では国有林管理をめぐるエコシステムマネジメントの取り組みについて述べることとしたい。

1.　国有林の展開

1.1.　連邦有地の概要

　国有林について述べる前に、アメリカ合衆国における連邦有地の概況とそのなかでの国有林の位置づけについて述べておきたい。表2-1は合衆国における連邦土地所有の状況を示したものであるが、農務省森林局のほかに内務省土地管理局・国立公園局・魚類野生生物局が広大な連邦有地を管轄している。[16]

　まず農務省森林局（Department of Agriculture, Forest Service）は国有林（National Forest System）を管轄しているが、木材生産やレクリエーション機会の提供から、野生生物生息地管理、原生的自然の保護まで多様な要求に応える管理を行っている。一方合衆国の国立公園は土地所有と一体となった営造物公園制

表2-1 合衆国における連邦土地所有

単位：100万ヘクタール

所轄官庁	面　積
農務省	80.8
森林局	76.3
内務省	173.0
土地管理局	106.5
魚類野生生物局	33.4
国立公園局	29.7
連邦政府合計	264.9
国土総面積	926.4

資料：Cubbage *et al.* (1993) Forest Resource Policy

度をとっており、内務省国立公園局（Department of Interior, National Park Service）が保護と利用を同時に達成することを目的として管理している。なお、国立公園局はヨセミテやイエローストーンなどいわゆる国立公園のほかモニュメントや史跡など様々な種類の公園を管理しており、これらを総合して国立公園システム（National Park System）と称する。また内務省魚類野生生物局（Fish and Wildlife Service）は、野生生物の生息域保護を目的として野生生物保護区（National Wildlife Refugee System）を管理している。全保護区面積の3分の2はアラスカに集中しており、それ以外の地域では小規模な保護区が分散して存在している場合が多い。内務省土地管理局（Bureau of Land Management）も森林局と同様、多目的利用を目的として国有資源地（National Resource Lands）を管理しているが、その4分の1はアラスカに存在し、その他はネバダ州やユタ州など西部の乾燥地帯にかなりの部分が集中しており、牧野利用の比率が高いのが特徴である。また国有資源地の多くは、国有林や国立公園が設定された残りの公有地という性格をもっており、最大面積の連邦有地を管轄しているにもかかわらず、相対的に影が薄い存在である。

　日本では農林水産省林野庁が管轄する国有林が全国有地の約95％を占めており、国有林と国有地にある森林をほぼイコールで結ぶことができる。しかし合衆国においては森林局が管轄する国有林は国有の森林の一部にすぎないのであり、

他の官庁もそれぞれの目的に従って広大な森林を管轄している。例えば世界最大の巨木として有名なセコイアや、レッドウッドをはじめとする原生林の多くは国立公園局が所管しているのであり、国有林と連邦有林はイコールで結びつけられないことに気をつける必要がある。

また、同じ連邦有地の管理といっても国有林・国有資源地が多目的管理を目標としているのに対して、国立公園・野生生物保護区は保護という明確な目的をもって管理を行っており、その性格に大きな相違がみられる。国有林・国有資源地をめぐっては、多目的管理を行っているがゆえに「開発か保護か」などの紛争が生じやすく、特に1980年代にはこうした対立が頂点に達し、エコシステムマネジメント導入への動きを決定的にした。これに対して国立公園や野生生物保護区は生態系保護を基本としていたため、紛争が生じることは少なく[*]、エコシステムマネジメントの導入に対しても相対的に冷淡な態度を示していた。[**]

一方、国有林と国立公園は異なった経営理念をもちながらも、ともに国民への自然レクリエーションの機会を積極的に提供するなどその機能には重複する点が多くある。このため国有林と国立公園は「ライバル関係」にあるともいえ、この関係はいかに国民のレクリエーション要求に応えるかなど、いい意味での競争を行わせる要因ともなったし、一方では縄張り争いといった問題を引き起こしてきた。

---

[*]——ただし、国立公園や野生生物保護区がこの問題から自由であるわけではない。例えば、国立公園では国民の多様なレクリエーション要求に応えるため積極的な施設の開発を志向し、利用要求に応えることで国民の支持を得てきた。このため、既に1930年代から保護派と開発派の対立が生じており、また利用施設の整備に伴いこれら施設を経営するコンセッショナーの発言力が強くなったことに対する懸念が大きくなってきた。近年にいたって国立公園局は生態系保護をより重視するようになったが、一方で局内では訪問者数によってその公園の意義を評価し財政割り当てを決めるような状況にあるため、公園管理者に対してより利用者を引きつけ満足させる方向への誘因が働く。利用と生態系保全をいかに両立させるかは依然として大きな課題なのである。

[**]——国立公園職員に対する聞き取り調査などでも、国立公園はもともと「エコシステムマネジメント」を実行していたのであり、最近になってやっと森林局等がわれわれの側に近づいてきたといった発言をするものが多い。ただし、国立公園においても利用者のコントロール、周辺の土地所有者との協力関係の構築、変化する生態系を前提とした管理など、新しい動きを示している。

1.2. 国有林展開の特徴

国有林制度の創設と展開[17]

　独立以後の合衆国の土地政策は、「誰のものでもない土地」——もちろん先住民の権利は無視されたのだが——をいったん公有地（Public Domain）化したうえで民間に払い下げ、土地所有者の自由な利用にまかせるといった自由放任の原則に基づくものであった。ところが、この政策のもとで次々と森林が私的所有の下に置かれ、無秩序な森林伐採が行われてきたことから、19世紀の後半になると2つの問題が認識されるようになってきた。ひとつは乱伐によって土砂が河川に流出して河床に堆積し、当時重要な交通手段であった舟運に支障が生じはじめたことであり、もうひとつは乱伐によって急速に森林資源が減少し、木材供給が不足する時代の到来が懸念されるようになったことである。

　こうした状況に対して、「保全運動」が活発化してきたのであるが、そのひとつの流れとして、森林を保全するために連邦政府が積極的に関与するべきであるという主張が、森林の科学的管理・保全をめざす林業技術者が中心となって行われるようになった。こうした動きを受けて連邦政府は1881年には農務省に林業部門を設置し、さらに1891年には保留林法（Forest Reserve Act）を制定した。保留林法は、木材資源の保全と流域保全のために公有地を大統領の命令によって保留林に指定し、売却や入植による開発から森林を保護することを可能としたものである。1897年には基本法（Organic Act）に基づいて保留林は国有林と改称され、ここに今日に続く国有林が誕生した。

　保留林法を最大限活用して広大な国有林を設定したのは1898年に農務省森林局の長官となったピンショと、1901年に大統領に就任したローズベルトであった。ピンショはアメリカ人として最初にヨーロッパの林業教育を受けた人間であり、当時本格的に活動を展開しつつあった林業技術者のリーダー的な存在であり、またローズベルト大統領も保全運動に強く関与し「保全大統領」と呼ばれた。両者の緊密な協力により、当初内務省の管轄下にあった国有林を農務省森林局の管轄にするとともに、ローズベルト大統領の任期中に約3800万ヘクタールの国有林を指定したのである。

　以上みてきたように国有林の出発にあたっては、当時の知識人や技術者の運動

写真2-1　ワシントン州オリンピック国有林の原生林。かつて北西部一帯の国有林はこのような原生林に覆われていた。

が大きく影響していることが指摘できる。これは他の連邦有地制度の創出においても同様であり、*連邦有地制度は連邦政府が単なる行政の必要上から生み出したものではなく、限られた階層とはいえ市民の運動を直接的なきっかけとしていることを銘記する必要がある。

　さて、上述のように当初の国有林の指定はまだ売り払われていなかった西部の公有地を対象として行われたため、既に私有化が進んで公有地が存在していなかった東部諸州には国有林は全く存在していなかった。しかし、これらの地域では森林の荒廃が進み、水源保全や水運の維持が困難となっており、さらにアパラチア山脈モノンガヒラ川において1907年に大洪水が発生したことから、国有林の指定を求める声が高まってきた。このため1911年に森林保全のために民有地の買い入れを可能とするウィークス法が制定され、東部においてもこれに基づく森林の購入が進められ、国有林が次第に増加していった。

---

*——国立公園制度の創設と発展にあたっても「保全運動」が大きな役割を果たしているし、野生生物保護区の設定はオーデュボン協会などの環境保護運動や狩猟団体の活発な活動がきっかけとなっている。

戦後における国有林経営の転換と環境保全の圧力

　第二次世界大戦までの国有林は、例えば全米木材生産に占める比率が2%以下であったことが示すように、積極的な経営は行われておらず、荒廃した地域で森林造成事業が行われたことを除いては森林火災からの保護などが国有林管理の中心であった。

　戦後、合衆国は増大する国内木材需要に応える一方で、ヨーロッパ戦後復興のための木材供給も担わざるをえなくなった。しかし、これまで木材生産のほとんどを担ってきた私有林は資源内容の劣化が問題とされはじめたことから、木材産業は国有林における増伐を要求するようになり、森林局もこれに応えて伐採量を急速に伸長させはじめた。国有林の伐採量は戦時伐採によって1939年から45年にかけて307万m^3から731万m^3へと2.4倍に増加していたが、50年代60年代と続く戦後増伐によって69年には3019万m^3と、45年の4倍を超える水準に達したのである。[18]　一方、世界に先駆けて進んだ自動車の普及と余暇の増大にあわせて、国民の森林レクリエーション活動も活発化し、国有林のレクリエーション利用も急速に高まっていった。

　このため国有林管理の方向性をめぐって、伐採を求める林産業界と自然環境保全を求める一般市民の要求が次第にぶつかり合うようになり、森林局はこれを乗り切るために1960年に多目的利用・保続収穫法（Multiple-Use Sustained-Yield Act）を議会で成立させることに成功した。この法律は国有林の経営にあたってレクリエーション・牧野・木材・水源涵養・野生生物および魚類生息地の5つを同列のものとして考慮することを求めるとともに、木材生産・レクリエーション利用など森林が供与する便益を高いレベルで持続させることをうたったものであり、国有林が多目的利用を目標としていることを改めて明確にした。ただし、この法律は宣言法であり、これら諸目的をどう「調和」させるかは森林局の運用にまかされており、実際には木材生産を最優先した経営が続けられることとなる。

　さて、アメリカ合衆国では1960年代に環境保護運動が高揚し、その成果として環境保護を目的とする法律が次々と制定され、国有林経営にも大きな影響を与えていった。まず1964年にはウィルダネス法（Wilderness Act）が制定され、一切の開発行為を禁止し原生的な自然を保護する「ウィルダネス」を連邦有地におい

写真2-2 ワシントン州ギルフォードピンショ国有林マウントアダムスウィルダネス。国有林にはこのように美しいウィルダネスが数多くある。

て設定することとなり、* 国有林においても1980年代終わりまでに約1300万ヘクタールが指定されている。さらに1968年には、原生的な自然と良好な景観をもった河川・水辺を保護する原生・景観河川法（Wild and Scenic Rivers Act）が制定され、この法律に基づいて1987年までに75河川、3084kmが原生河川または景観河川として指定されたが、その多くが国有林内に指定されている。また1973年には絶滅危惧種法（Endangered Species Act）が制定され、絶滅が危惧される種についてはその個体採取を禁止するのはもちろんのこと、生息地の破壊も禁止するという極めて強力な規制手段を講じることとした。**

以上のような一連の法律は個別的な保護区設定や種の保護を目的としたものであったが、1970年に制定された国家環境政策法（National Environmental Policy

---

* ——原生的な自然が失われてしまった東部では、ウィルダネス指定は原生的な自然に対して行われたわけでは必ずしもない。これについては、伊藤太一（1991）「アメリカにおけるウィルダネス思想」、『日本林学会大会発表論文集』101 に詳しい。
** ——絶滅危惧種法で保護の対象とされる種は、「絶滅の危機にある種」と「絶滅のおそれのある種」の2つの種類があり、前者の方が厳しい規制が及ぶ。本書ではこの2つの種類を一括して「絶滅危惧種」という言葉を用いる。なお、絶滅危惧種法の内容については、畠山武道（1992）『アメリカの環境保護法』、北海道大学図書刊行会 に詳しい。

Act）は、連邦政府レベルにおいて包括的な環境保全政策の展開をめざした法律であった。国家環境政策法は世界ではじめて市民参加に基づく環境アセスメント制度を導入した点で画期的であり、環境に重大な影響を及ぼすと考えられるすべての連邦政府の行為に対して環境アセスメントを義務づけた。森林局はこれに対応するために1974年に森林・牧野再生可能資源計画法（Forest and Rangeland Renewable Resources Planning Act；以下RPA）を制定し、環境アセスメントに基づく長期的な計画を策定することとした。しかし1975年、ウエストバージニア州モノンガヒラ国有林で計画された皆伐に対して環境保護団体が起こした伐採差し止め訴訟において、連邦控訴裁判所は1897年に制定された基本法に照らして、国有林では皆伐は禁止されているとの判決を下し、森林局はこれまでのような皆伐を続けることはできなくなってしまった[*]。このため、森林局は計画法体系を根本的に改変する必要に迫られ、国有林管理法（National Forest Management Act）を1976年に制定し、事態の打開を図った。

　さて、以上のように1960年代から70年代にかけて、環境保護運動の圧力と環境保護法制の影響を大きく受けてきた森林局であったが、RPAおよび国有林管理法はこのような社会的な軋轢・紛争を解決することをひとつの目標としていた。しかしそのもとで行われた国有林計画策定は、レーガン政権による木材増産への圧力や森林局自体の木材生産へのバイアスや官僚的統制によって歪められ、市民の意見を十分反映することなく商品生産を優先させたため、結果として軋轢をますます増幅させてしまった。1980年代に大きく進んだ世論の環境へのシフトを見誤り、生態系保全の重要性を認識できないまま森林局は従来の延長線上での経営を続け、国民からの信頼を失い、相次ぐ異議申し立て・訴訟によって身動きがとれない状況へと追い込まれていったのである。また、組織内部での改革派職員に対する差別や木材資本による盗伐の隠蔽など組織の腐敗も進んだ。かつて森林局は職員の士気の高さと高い職業倫理、そして組織のまとまりの高さから最も優れた連邦官庁と呼ばれていたが、こうした森林局の威信は大きく低下してきたのである[19]。

---

[*]――1897年基本法は保留林を国有林と改称し、国有林管理の根拠を示した法律であるが、この法律の伐採に関する規定を厳格に当てはめると皆伐は事実上不可能となる。この間の経過については、以下の文献に詳しい。LeMaster, D. C.（1984）*Decade of Change: The Remaking of Forest Service Statutory Authority during the 1970s*, Greenwood Press.

対立が最も激しく生じたのは北西部——ワシントン州・オレゴン州・カリフォルニア州北部の太平洋岸——の国有林であった。この地域は木材生産に適した原生林がまとまって残っていたため、生産活動が集中的に行われ、その結果として原生林の急速な減少と生態系の劣化が強く懸念されるようになった。こうした状況のなかで原生林保護運動が活発化し、国有林管理方針の根本的な転換を強く求めるようになったが、森林局は対症療法的な措置を取ることでこの運動に対処しようとしたため、激しい紛争が生じたのである。この対立の最大の焦点は原生林を生息域とするニシヨコジマフクロウ*の保護にあり、環境保護団体はニシヨコジマフクロウの絶滅危惧種への指定と、生息域としての原生林保護を目標として運動を展開し、法廷闘争を繰り広げた。この結果、1990年にはニシヨコジマフクロウが絶滅危惧種に指定されたほか、法廷において森林局に不利な判決が次々と下された。追いつめられた森林局は、根本的な方針転換なくしては国民の信頼を獲得することはできないことを強く認識し、ここにエコシステムマネジメントが登場する道が開かれたのである。

2.　国有林管理のしくみ

　表2-2は1996年度における国有林の管理活動の内容と、利用の状況を示したものである。これをみると国有林では文字どおり多目的な管理と利用が行われていることがわかる。

　例えば利用をみると、木材販売はもちろんのこと、家畜の放牧利用が行われているほか、鉱物やエネルギー資源の開発も全国2000カ所以上で行われている。またレクリエーション利用は3億4100万人日を数え、国立公園利用者を大きく超えており、平均して国民1人当たり1日以上国有林でレクリエーション活動をしている勘定となる。一方、管理指標をみると、造林や林分改良、林道建設・維持といった一般的な林業経営に関わる行為が行われているほか、野生生物生息地の修復やウィルダネス管理など生態系保全に関して積極的な管理行為を行っており、

＊——Northern Spotted Owl と称されるフクロウで、Spotted Owl の亜種。Spotted Owl の和名はニシヨコジマフクロウなので、正確にはキタニシヨコジマフクロウとなるが、本書ではニシヨコジマフクロウと略して記載する。

表2-2 合衆国国有林の利用と資源管理の状況

分 野	内 容	達 成 量
レクリエーション	利用者数	3億4100万人日[注1]
	歩道作設・再建	2713km
木材	木材販売	943万m^3
	造林	14万3000ヘクタール
	林分改良	10万4000ヘクタール
牧野	放牧利用	794万HM[注2]
	牧野改良	2万ヘクタール
鉱物	鉱物採掘	1744カ所
	エネルギー採掘	493カ所
野生生物・魚類	生息域修復・再生	13万4000ヘクタール
土壌・水	資源改良	1万4000ヘクタール
	土壌調査	283万9700ヘクタール
ウィルダネス	管理	1388万ヘクタール
その他	林道建設[注3]	27km
	林道維持[注3]	779km

資料：Report of the Forest Service 1996
注1：ひとりが国有林を12時間レクリエーション利用したとき1人日と計算する
注2：HMとは放牧料金課金の単位で家畜1頭を1カ月間放牧すること
注3：林道建設・維持は森林局予算によって行われたもの。このほかに木材販売と一体となって伐採業者が行った林道建設714km、維持3787kmがある

また歩道の作設などレクリエーション施設の整備も進められている。*

　以上のような国有林管理とその転換を支える管理構造はどのようになっているのだろうか。組織・財政・計画の3つの側面から検討することとしたい。

---

*――ただし、このような多様な利用や管理が行われるようになったのは近年のことである。前述のように、国有林は1960年には多目的管理を目標とすることを法律ではっきりと規定したものの、管理の重点は木材生産や国民の要求の高かったレクリエーション利用、とりわけ木材生産に置かれるという時代が長く続いてきた。伐採量は1960年代半ばには2830万m^{3}に達し、その後も増減はあるものの80年代半ばまで概ね2500万m^{3}前後の水準にあった。一方、狩猟対象獣の生息地管理などは行われたものの、生態系保全を目的とした野生生物生息域修復などは近年までほとんど行われてこなかったのである。1990年代に入ってエコシステムマネジメントを基本方針に採用したため、今後はますます生態系保全を重視した経営内容へと転換が進むものとみられる。

写真2-3　ワシントン州マウントベーカー・スノコールミー国有林ノースベント森林区事務所。森林区は国有林管理の最前線にたっている。

2.1. 国有林管理組織

組織の概要

　合衆国国有林の組織体制は大きくみると図2-1のような4段階構成となっている。農務省の外局である森林局が全体を統括し、この下に地方森林局（Regional Office）があって、全国を9地域に分けて管轄している。国有林管理の基本的な単位となっているのは国有林管理署（National Forest）であり、さらに各国有林管理署にはいくつかの森林区（Ranger District）があって第一線の森林管理を行っている。これら組織は森林局長官、地方森林局長、国有林管理署長、レンジャー*というライン組織によって統御されており、それぞれがその職務を遂行するためのスタッフを抱えている。以下、各段階の組織についてみていこう。

＊──レンジャーという言葉は日本でも使われているが、合衆国国有林におけるレンジャーは森林区の責任者のことを意味している。ところで、合衆国国立公園にもレンジャーはいるがこれは公園の日常的な管理にあたる職員のことを指しており、職務内容が異なっていることに注意する必要がある。

図2-1　国有林の管理組織

```
〈組　織〉              〈責任者〉

 森 林 局               長    官
   │
 地方森林局              局    長
   │
 国有林管理署            署    長
   │
 森 林 区               レンジャー
```

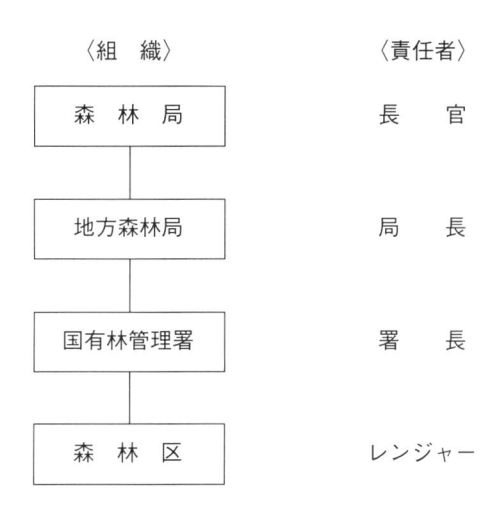

　まず森林局全体としてみると、国有林管理、州・私有林業への対応、研究の3つが主要な業務となっている。ただし、州・私有林政策に関わる権限は基本的に州政府に属しているため、日本の林野庁のようにこの分野のウエイトは大きくなく、国有林管理が中心的な位置を占めているのが合衆国森林局の特徴である。財政・人員もかなりの部分は国有林管理のために投入されており、例えば1996年度では国有林システムに対する財政配分は22億9255万ドルであるのに対して州・私有林業は1億4297万ドルであった。研究に関しては6カ所の主要研究所のほかに数多くの支所を全国各地に展開しており、世界でも最も充実した森林研究機関のひとつとなっており、国有林とも密接な連携をもって研究活動を展開している。

　地方森林局はそれぞれの管轄地方内の国有林に対して管理の基本方針を提示するとともに、各国有林管理署に対して専門知識の提供など支援を行い、また州・民有林政策に関して直接州政府との連絡・調整を行っている。

　国有林管理署及び森林区の組織は、各地域の森林やその利用の状況を反映して組織編成は大きく異なっている。またエコシステムマネジメントを導入し、管理内容を大きく転換しつつあるので組織内容も改変が続けられている。ここではシ

写真2-4
バリアフリーの散策路。国有林は幅広い国民にレクリエーションの機会を提供しようとしている。

アトル近郊にあるマウントベーカー・スノコールミー国有林管理署（Mt. Baker Snoqualmie National Forest；以下MBS国有林）及びそのもとにあるダーリントン森林区（Darrington Ranger District）を例にとって、1996年時点の組織についてみてみよう。

　図2-2は、MBS国有林及びそのもとにあるダーリントン森林区の組織体系を示したものである。ここでまず注意しなければならないのは、行政学上でいうラインに属するのは国有林管理署であれば署長、森林区であればレンジャーのみであり、あとの職員はすべてスタッフということである*。それぞれのスタッフがそれぞれの専門性を生かして、決定権をもつ署長・レンジャーを補助しているのである。後で述べるように国有林が分権的な組織体制をとっているため、決定権が集

＊——ラインとは決定を行う権限をもつものであり、スタッフはこれを支援するものである。

図2-2 MBS国有林組織図

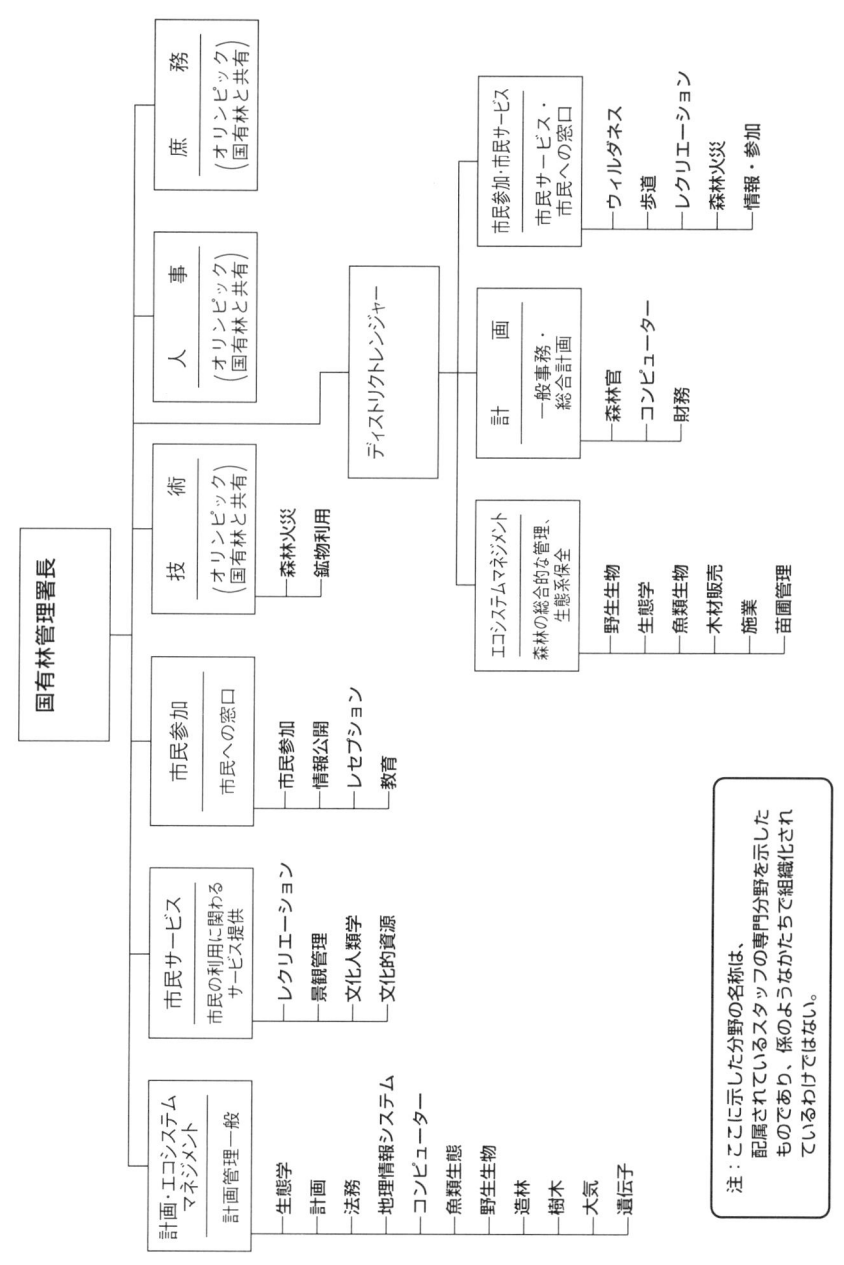

```
                              国有林管理署長
    ┌──────────┬──────────┬──────────┬──────────┬──────────┬──────────┐
計画・エコシステム  市民サービス    市民参加      技術         人事        庶務
マネジメント    市民の利用に関わる  市民への窓口   (オリンピック  (オリンピック (オリンピック
計画管理一般    サービス提供              国有林と共有) 国有林と共有) 国有林と共有)
─生態学      ─レクリエーション ─市民参加    ─森林火災
─計画       ─景観管理     ─情報公開    ─鉱物利用
─法務       ─文化人類学    ─レクリエーション
─地理情報システム ─文化的資源    ─教育
─コンピューター
─魚類生態
─野生生物
─造林
─樹木
─大気
─遺伝子

                    ディストリクトレンジャー
        ┌──────────────┬──────────────┐
  エコシステムマネジメント        計画             市民参加・市民サービス
  森林の総合的な管理、            一般事務・           市民サービス・
  生態系保全                 総合計画            市民への窓口
  ─野生生物           ─森林官              ─ウィルダネス
  ─生態学            ─コンピューター          ─歩道
  ─魚類生物           ─財務               ─レクリエーション
  ─木材販売                                ─森林火災
  ─施業                                  ─情報・参加
  ─苗圃管理
```

注：ここに示した分野の名称は、配属されているスタッフの専門分野を示したものであり、係のようなかたちで組織化されているわけではない。

写真2-5　トレールヘッドと呼ばれるハイキングコースの入り口。たいていの場合、駐車場、トイレ、案内板が整備されている。

中している署長・レンジャーの権限は大きいが、彼らは細かい指令をスタッフに与えて行動を縛るというよりは、スタッフの専門性を最大限引き出すようにして、最善の決定を行おうとしている。

　ここでは組織と業務内容の主要な特徴について確認しておこう。まず指摘できるのは極めて多様な分野のスタッフを組織していることであり、森林施業から野生生物・生態学まで多様な自然資源の分野をカバーしているだけではなく、経済学など社会科学分野の専門家や、これら専門家を情報管理の面から支える専門家も配属されている。＊　かつて国有林組織の中核を担っていた木材生産・販売関係のスタッフは全体の一部を占めるにすぎなくなっており、総合的な資源管理を行うことが可能なしくみがつくられてきている。

　また、国民のための国有林を実質化するために、市民に対するサービスを充実させようとしていることも特徴となっている。これは第1に多様なレクリエーション需要に応えようとしていることであり、レクリエーション施設の建設・維

＊——このほかに、文化人類学関係の専門家が配属されているのも大きな特徴となっている。先住民の権利保障という観点から、国有林内において先住民の生活がどのように営まれてきたかを調査し、森林管理にあたって先住民が聖域としていた場所や遺跡があるところを保護することが強く求められているのである。

写真2-6　マウントベーカー・スノコールミー国有林ダーリントン森林区受付の様子。

写真2-7　受付では職員が笑顔で出迎えてくれる。

持・管理、さらには市民に対するレクリエーション情報提供を積極的に行うようにスタッフが配置されている。*第2に積極的に情報公開し、市民参加を進めるためのしくみがつくられており、新聞・TVといったマスコミに情報を流したり、一般市民に対して多様な手段を通して情報提供を行うほか、森林局が行う様々な計画策定や事業実行において、どのように市民参加を進めるかについての助言を行う市民参加の専門家が配属されている。また各国有林管理署・森林区には一般来訪者向けの受付があるが、ここを担当するのもこの部署である。写真2-6はダーリントン森林区の受付の様子を示したものであるが、レクリエーション情報を求める人や、国有林管理に対して疑問や意見をもつ人々など、誰もが気軽に出入りし、利用できるオープンスペースとなっている。この森林区に関わるパンフレットや印刷物を配布しているほか、図鑑・ハイキングガイド・地図などの販売も行っている。また受付に座っている女性（写真2-7）は単なる受付嬢ではなく、大学などで市民参加に関する教育を受けてきた専門職員なのであり、文字どおり森林区の窓口として来訪者への情報提供などサービスに努め、管理などに対する意見を述べてくる人々に最前線で対応しているのである。**

　なお、国有林は独自の警察権限をもっており、各国有林や森林区には森林局本局に直属する森林警察官が配属されている。

組織の特徴──分権的組織

　合衆国の国有林組織は伝統的に分権制を特徴とし、地域の実情に応じた森林管理を展開してきたとされている。森林局初代長官であるピンショはヨーロッパ留学期間中に森林管理は地域社会の支援がない限りは良好に機能しないことを学び、合衆国国有林の基本方針として地域の問題は地域で解決することを打ち出した。ピンショは現場で働く森林官の指針となるように胸ポケットに納まるくらい

---

*──例えばMBS国有林ではハイキングコース・登山道2290km、有料キャンプ場39カ所1600サイト、オフロード車走行コース42km、クロスカントリースキーコース206km、スノーモービルコース320kmなど多様なレクリエーション要求に応える施設が整備され、提供されている。

**──多くの場合、市民参加を担当する職員はまず窓口で市民との対応の最前線の仕事をこなしたうえで、市民参加の専門家としての経験を積んでいく。また、国有林の窓口にいるのは必ずしも市民参加の専門家とは限らず、ボランティアなどがあたっている場合も多い。

のマニュアルを作成し、森林官はこのマニュアルを参考にしながら地域の状況に応じた森林管理を行っていたのである。

　こうした分権制はその後も基本的な組織原則として維持されてきた。例えば国有林管理署長は署内の人事権をもっているほか、事業内容の決定に関してもかなり大きな裁量権を与えられている。さらに国有林が頻繁な人事異動を行わないようにしてきているため、長期間同一の職場に勤務する職員が増加しており、より地域に密着した管理が行えるようになっている。こうしたしくみがそれぞれの地域の自然的・社会的特性に応じた森林管理を可能とさせ、地域社会と密接な関係をもつことを可能とさせているのである。

　筆者の聞き取り調査などでも、上層組織への「出世」を選択せず、末端組織の森林区において資源管理にじっくりと腰を据えて取り組む専門家に数多く出会った。彼(彼女)らが共通して語っているのは、分権的な体制のもとで、最末端組織といえども自らの裁量権で専門家としての腕を振るって仕事にあたることができるということであり、管理職になって事務仕事に埋もれるよりはやりがいのある仕事ができるということである。すなわち、上から与えられた計画や事業を単に実行させられるのではなく、現場に向き合って専門家としての能力を十分発揮できるので、末端組織における仕事も専門家にとって十分「魅力的」なのである。＊

組織の特徴——専門性・多様性

　国有林管理組織の大きな特徴は専門性が重視されていることであり、多様な分野の専門家が、それぞれの専門知識を生かして個別分野の資源管理にあたるとともに、総合的な資源管理に参加している。いわゆる「ジェネラリスト」を育成するシステムにはなっておらず、それぞれの専門性を蓄積することがキャリア形成の中心なのであり、そのうえでレンジャーや国有林管理署長などラインの職務についていくのである。だからいわゆるフォレスターと呼ばれる林学の専門職だけではなく、レクリエーション・野生生物など多様な分野の専門官がラインの職務についている。さらにいえばラインのトップである森林局の現長官は魚類生物専

＊——ただし、前述のようにこれまでの国有林は第1に木材生産を中心とした商品生産目標が中央集権的にコントロールされていたこと、第2に組織全体に木材生産にむけたバイアスが働いていたことから、どこまで分権制が生かされていたかについては疑問とする見方がある。

門官出身であり、その前の長官は野生動物研究出身であり、二代続けて森林官以外の職員が就任している。*

このように、多様な専門性が重視されてきたのは1970年の国家環境政策法制定以降のことである。それ以前も科学的管理を標榜していたが、林業経営に関わる森林官がその中心であり、このほかに雇用される専門家のほとんどは林道建設に関わる土木工学専門官に限られていた。

ところが、国家環境政策法は多様な分野の専門家の共同による環境アセスメントを義務づけたため、森林局としてもこの要求に応えるために、野生生物管理をはじめとする多様な専門官を採用することを迫られた。表2-3は職種別の専門職員数の推移を示したものであるが、専門性が急速に多様化していることがみてとれよう。特に一般生物学、魚類、野生生物、生態学などの分野の専門官が急速に増加していることが特徴で、1990年代に入って森林官の比率は半分を割っているのである。伝統的な林学教育を受けた森林官を主体とした森林局から、多様な専門家によって構成される森林局へとその組織の性格が大きく変化してきているのであり、このことはエコシステムマネジメントを本格化させる人的基盤が形成されてきていることを意味している。

科学の発展と国民の要求の多様化のなかで、個々の職員の専門性がますます要求されるようになってきており、森林区や国有林管理署スタッフでも修士号や博士号取得者はめずらしくない状況になっている。また研究の進展に現場が遅れないようにするために、組織内で継続的な教育の機会を設定したり、あるいは大学院で受講する機会を与えるなどしている。また、専門分野の細分化も進んでおり、例えばレクリエーション専門職ひとつとってみても、冬期レクリエーション、歩道・登山道、ウィルダネス、キャンプ施設、文化財、造園などさらに細かい役割分担がなされているのであり、それぞれの分野で専門性を磨いているのである。

以上のように専門性を重視することは、各スタッフが自分の専門性に閉じこもってタコツボ化していることを必ずしも意味しない。上述のように国家環境政策法は多様な専門家の共同作業を要求しているし、そもそも狭い分野のみに立脚し

---

*——ただし、それ以前の長官はすべて森林官出身で占められていた。森林局研究所の野生生物研究者で、ニシヨコジマフクロウ保護計画の中心的役割を果たしたジャック・ワード・トーマスが森林官以外ではじめて森林局長官になったのはクリントン政権が誕生した影響が強い。

表2-3 合衆国国有林における職種別専門職員数の推移

単位：人

専門分野	1971	1978	1985	1993	1995 年
社会科学	5	10	NA	67	69
文化人類学	4	19	133	301	309
コンピューター	NA	NA	468	695	660
一般生物学	NA	NA	202	810	817
生態学	0	8	NA	157	180
昆虫	NA	NA	151	139	132
牧野保全	NA	NA	460	453	417
森林官	5,033	4,772	5,543	5,063	4,350
土壌	155	216	262	252	230
魚類生物	22	57	124	341	375
野生生物	109	207	504	890	835
景観管理	185	189	229	272	262
土木工学	NA	NA	1182	962	833
市民参加	NA	NA	170	301	273
水理	101	153	220	283	278
地質	48	83	168	156	155
合計	5,669	5,723	9,989	11,307	10,313

資料：Halvorsen (1996) Employee Responses to the Incorporation of Environmental Complexity into the USDA Forest Service
注1：すべての職種を掲載していないので、表記の職員数の合計は合計欄と一致しない
注2：NAは数字がえられなかったことを示す

表2-4 合衆国森林局専門職員における女性・マイノリティー

単位：人

	1983年12月	1988年12月	1993年12月	1994年12月
総専門職員数	10,979	10,185	11,965	10,924
女性	1,103 (10.0%)	1,523 (15.0%)	3,168 (26.5%)	3,072 (28.1%)
ヒスパニック	223 (2.0%)	258 (2.5%)	387 (3.2%)	386 (3.5%)
アジア	137 (1.2%)	147 (1.4%)	212 (1.8%)	206 (1.9%)
先住民	121 (1.1%)	152 (1.5%)	270 (2.3%)	261 (2.4%)

資料：表2-3に同じ

写真2-8 ワシントン州ウエナッチー国有林レベンワース森林区の女性レンジャー。近年、女性の進出は著しい。

て複雑な森林生態系を対象とした計画を策定し実行することは不可能である。だから森林局が行う計画策定から事業実行に至るまで様々な管理行為の場面で、多様な分野の専門官による共同作業が日常的に行われているのであり、こうしたプロセスのなかでスタッフは各々の専門性を基礎にしつつ幅広い視野を獲得し、さらに国有林の総合的な管理にむけた専門性のあり方を考えてきているのである。

　専門性の多様化とともに、性別・人種の多様化も進められてきている。連邦政府が雇用の平等化政策を打ち出したことを受けて、森林局も1976年から女性やアングロサクソン系以外の人種（マイノリティー）の採用を積極的に行いはじめた。表2-4は森林局専門職員のうち女性とマイノリティーの雇用動向を示したものである。この表で顕著なのは女性の急速な増加であり、83年から94年の間に18ポイント増加し約3割を占めるまでに至っており、特に若年層においてその比率は一層高い。またマイノリティーの比率も少しずつではあるが着実に上昇してきている。

　森林局としても女性やマイノリティーの雇用を増加させているだけではなく、働き続ける条件整備にも力を入れている。例えば黒人に対する偏見が根強い地域

には黒人職員を配属させないようにしたり、女性職員の多くは配偶者も森林局職員の場合が多いので、転勤にあたってはできるだけ別居を避けるように異動の機会を与えるなどしてきている。ただし、行政改革による定員削減が進んでいるため、職員の希望に応えた人事異動は次第に困難になりつつある。

専門官の職務内容の事例

　さて、ここで国有林の専門官の職務について、ダーリントン森林区の女性野生生物専門官を事例にとって具体的にみてみよう。

　森林区においては木材伐採やレクリエーション施設建設など様々な事業計画の策定や実行が行われているが、彼女の第1の仕事はこれらの過程に専門官の一人として参加して、野生生物保護・保全を最大限達成させることである。例えば木材販売計画を樹立する際には、計画地及びその周辺における野生生物の生息状況やその生態を既存のデータ・調査によって明らかにし、伐採が野生生物に与える影響を最小限にするために努力し、場合によっては計画の根本的な再考を要求する。

　第2に、野生生物保護・保全計画に基づいて生息域の改良に関わる作業の提案を行い、採択された場合には指揮をとってその事業を実行している。例えば1996年には絶滅危惧種のニシヨコジマフクロウ幼鳥を捕食者から保護するために、間伐によって林内飛翔空間を確保したり、人工林内に人為的に枯損木を発生させて多様な野生生物が生息できるようにするなどの事業を計画・実行した。

　第3の仕事は州の野生生物管理の専門官と情報交換や協議を行い、より良い総合的な野生生物管理を行うことである。これは、国有林内の野生生物管理に関して、生息地管理は森林局、狩猟規制は州魚類野生生物局という役割分担となっていることに基づくものである。

　第4に市民との協力関係の構築を行っている。これには学校や催し物を通じた環境教育や、野生生物管理の方向性をめぐって市民と対話を行うといったことのほか、市民とのパートナーシップの形成があげられる。限られたスタッフと予算のなかで、広大な森林区を対象として多様な野生生物の状態を把握することは至難の業である。そこで地元で野生生物に関心のある人々と共同で野生生物のモニタリングを行ったり、その結果をもとにして保護戦略を議論するなど、共同で野

生生物管理にあたる体制づくりを進めているのである。*

　以上よりその職務遂行にあたって高い専門性を要求されていることがわかると思うが、それではどのように専門性を維持し磨いているのであろうか。野生生物といっても鳥類から大型哺乳類、小型哺乳類など様々な種を対象としなければならないので、同じ国有林管理署に属している野生生物専門官の間で一定の役割分担を行って、それぞれの分野で専門知識を集中的に蓄積して、相互に助け合う体制を構築している。

　彼女はもともと鳥類の研究で修士号をとっていることから、鳥類、特に海洋性の鳥類を担当することとし、この分野の研究会に加入して自ら論文を発表しつつ、勉強をしているほか、機会をみつけて大学などで開講している専門コースなどを受講している。彼女へのインタビューを行ったのは1996年7月であるが、この時点でダーリントン森林区での勤続年数は8年であった。この森林区に愛着をもっており、野生生物の実態もかなりわかり、地元の人々との共同関係も軌道に乗りはじめ、満足のいく仕事ができるようになってきたので当面異動する気はなく、「自分が過去に犯した誤りをみすえながら」地域に密着した仕事をしていきたいと語っていたのが印象的であった。

2.2. 国有林の計画体系

計画体系の概要

　合衆国国有林の計画体系は、1974年制定のRPAと1976年制定の国有林管理法によって規定されており、その全体像を示すと図2-3のようになる。

　まず連邦レベルにおいては森林・草地再生可能資源アセスメント（RPAアセスメント）を10年に1回、森林・草地再生可能資源プログラム（RPAプログラム）を5年に1回、年次報告を毎年策定することとなっている。RPAアセスメントは森林局の長期的な方針設定の基礎となるもので、50年を計画期間として、再生可能資源の需要・供給に関する現状と将来予測、再生可能資源の内容、森林局が行

---

*——このようなボランティアが国有林管理に果たす役割は大きい。特にレクリエーションに関しては、歩道の維持・管理や利用者への対応などボランティア抜きには考えられなくなっている。さらに財政カットのなかで、ますますボランティアに依存せざるをえない状況となっている。市民との共同はこうした点でも避けて通れない課題となっているのである。

図2-3 合衆国国有林の計画体系

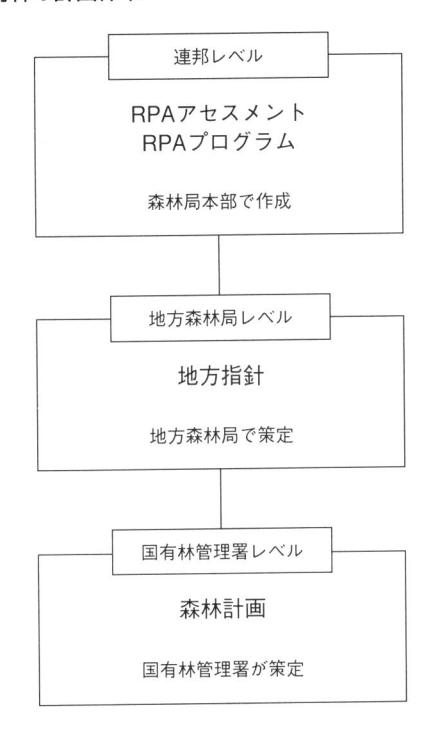

```
┌─────────────────────────┐
│ 連邦レベル              │
│                         │
│  RPAアセスメント        │
│  RPAプログラム          │
│                         │
│  森林局本部で作成       │
└───────────┬─────────────┘
            │
┌───────────┴─────────────┐
│ 地方森林局レベル        │
│                         │
│  地方指針               │
│                         │
│  地方森林局で策定       │
└───────────┬─────────────┘
            │
┌───────────┴─────────────┐
│ 国有林管理署レベル      │
│                         │
│  森林計画               │
│                         │
│  国有林管理署が策定     │
└─────────────────────────┘
```

う政策と責務、森林管理に影響を与える政策・法規制の検討などがもりこまれている。このアセスメントをもとに森林局が展開すべき政策案について費用便益分析とともに示すのがRPAプログラムであり、40年を計画期間としている。*

次の段階は各地方森林局が策定する地方指針（Regional Guide）である。地方指針はRPAプログラムで設定された目標を踏まえて、地方森林局管内の資源管理状況と課題を明らかにしたうえで、各国有林管理署に対して基本的な資源管理の方向性と管理の基準とガイドラインを示すものである。

地方指針をもとに各国有林管理署が策定するのが森林計画（Forest Plan）である。これは各国有林管理署ごとに、その管轄地域内の国有林管理の基本方針と管

＊──連邦レベルの計画は、国有林以外の森林も含めてつくられる。

理行為の基本を定めたものであり、それぞれの国有林に即した具体的な取り扱いの方法を述べているという点で、最も基本的な計画であり、最も市民の関心が集まる計画でもある。

　以上のように地方指針、森林計画はそれぞれ上位計画に即して立てられていることとなっているが、制度自体は厳格なトップダウンの体系とはなっていないことに注意する必要がある。例えば、地方指針はRPAプログラムの目標に即して策定されることとされており、基本的な方向性が合致することを要求しているが、細かい数値的な適合性などは求めてはいない。また森林計画に関しては、いくつかの代替案を策定して最良の案をつくり出すことを求めているが、上位計画との関係でいえば、最低でも代替案*のひとつに現行RPAプログラム及びそれに即した地方指針を反映することを求めているにすぎない。地方森林局長は森林計画の認定にあたって、地方指針の変更を同時に行うことができるともされており、下位計画の策定によって上位計画を変更することも可能なのである。**

計画手続き

　前述のように、国家環境政策法は環境に重大な影響を与える連邦政府のすべての行為に対して、環境アセスメントを行うことを義務づけているが、森林局では国有林に関わる計画策定はすべて潜在的に環境に大きな影響を与える可能性があるとして、RPAアセスメント、RPAプログラム、地方指針、森林計画の策定にあたって環境アセスメントを行うこととしている。これら計画策定過程は、広範な市民参加を保障するとともに多様な分野の専門家が関わることによって科学性を確保しようとしていることに大きな特徴がある。ここでは、森林計画を事例として計画策定プロセスについて検討し、さらに項を改めて市民参加の内容について少し詳しくみることとしたい。

　図2-4は森林計画の策定過程を示したものである。まず計画策定の開始にあた

---

　*──代替案といっても、あるひとつの本命の案があってそれに対する代替案があるわけではなく、同等の代替案がいくつもあることに注意する必要がある。
　**──このように各国有林は森林計画策定に関して大きな裁量権をもっているのであるが、第1章2で述べたような木材生産優先体制のなかで、各国有林管理署は中央からおろされてくる木材生産目標に縛られて、その裁量権を十分行使しうるような状況にはなかったとされる。この問題については次章以降に詳しく述べる。

図2-4　森林計画の策定過程

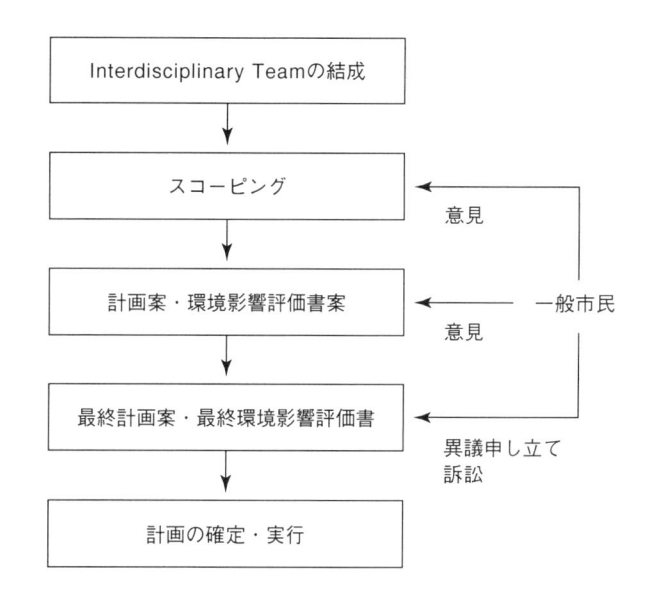

```
┌─────────────────────────────┐
│ Interdisciplinary Teamの結成 │
└─────────────┬───────────────┘
              ↓
┌─────────────────────────────┐
│         スコーピング          │←── 意見 ──┐
└─────────────┬───────────────┘           │
              ↓                            │
┌─────────────────────────────┐           │
│   計画案・環境影響評価書案    │←── 意見 ──┤ 一般市民
└─────────────┬───────────────┘           │
              ↓                            │
┌─────────────────────────────┐           │
│ 最終計画案・最終環境影響評価書 │←─ 異議申し立て
└─────────────┬───────────────┘    訴訟
              ↓
┌─────────────────────────────┐
│      計画の確定・実行         │
└─────────────────────────────┘
```

って、計画策定の実行部隊となる多分野の専門家からなるチーム（Interdisciplinary Team；以下IDチーム）を結成する。これは森林計画の策定に必要な各分野の専門家を集めて結成するものであり、幅広い分野の専門家によって多面的に計画を検討していくことによって、科学的根拠をもち、かつ多様な国民の要求に応える計画を策定することをめざしている。IDチームのメンバーは当該国有林管理署に配属されている専門官から構成される場合が多いが、必要とされる分野の専門官がいない場合には、他の国有林管理署や連邦政府機関から任命される場合もある。

　最初に行うのがスコーピングと呼ばれる過程である。この過程の目標は、市民に対して計画作成開始を知らせるとともに、市民が当該国有林にどのような関心をもっているのかについて意見を集約し、森林計画作成にあたって特に留意すべき問題点を明確にすることにある。

　多目的な森林利用をめざした計画を策定しようとした場合、やみくもに幅広い分野をカバーしようとすると焦点がぼけた計画ができあがってしまうおそれがあ

る。このため、具体的な計画策定に入る前に計画の対象となる森林に対して、市民が何に関心をもっており、何が争点となるのかを明らかにしようとしているのである。

　さて、IDチームはスコーピングで課題を絞り込んだ後、これを基礎として計画案と環境影響評価書案を作成する。計画案では複数の代替案をつくることが求められており、それぞれの案を実行した場合、環境にどのような影響を与えるのかに関して環境影響評価を行うのである。代替案作成にあたっては「RPAプログラムに沿ったもの」及び「現行の計画をそのまま継続するもの」の２案の策定が義務づけられているほか、木材生産に主体を置いたもの、野生生物保護に主体を置いたもの、レクリエーション機会の提供に主体を置いたものなど広いバリエーションをもって案が作成される。[*] 多様な代替案を提示し、あわせてその環境への影響を明らかにすることによって、市民の選択の幅を広げるとともに、代替案の比較検討によって、より良い計画をつくり出そうとしているのである。

　計画案及び環境影響評価書案は極めて大部のもので、専門家や特別に関心のあるもの以外は読みこなすことができない。そこで関心がある一般市民向けにやさしく書かれた要約版を発行し、また各代替案のゾーニングの仕方を地図情報として提示することにより、誰でも計画案の基本が理解できるような工夫をしている。

　計画案と環境影響評価書案は一般に公開され、最低３カ月間市民参加の期間が設けられ、様々な手段によって市民からの意見を集約する。

　IDチームは市民から寄せられた意見を分析・検討して計画案及び環境影響評価書の改善を行い、この検討結果をもとに国有林管理署長は最終計画案と最終環境影響評価書を準備し、地方森林局長の認定を受けてこれを公表する。

　最終計画案と環境影響評価書は、公表後40日間市民からの異議申し立てを受け付ける。地方森林局長が異議申し立ての審査を行い、計画修正の必要性を認めた場合、国有林管理署長に対して修正を指示し、そうでない場合は異議申し立てを

＊──例えばMBS国有林では８つの代替案を提示した。代替案の内容は「現状の計画をそのまま実行する案」「RPAによって割り当てられてきた目標値を達成する案」「市場経済で評価されない野生生物や景観を重視した案」「原生保護域を最大限確保する一方で、木材生産を集中して行う地域を設ける案」「生物多様性の保全を重視した案」「多様な要求に応えられるようにバランスをとった案」などで、それぞれの案ごとにゾーニングを示した地図が作成されて添付されている。

却下する決定を行う。異議申し立てを行った市民で、地方森林局長の判断に不服のあるものには、法廷の場で争う道が開かれている。これら異議申し立てや訴訟がすべて解決された段階で初めて最終計画案は森林計画として確定される。なお、異議申し立て及び訴訟は、当該国有林の地元に居住しているか否か、直接的な利害をもっているか否かにかかわらず、すべての国民が行うことができる。

国有林における市民参加

　森林局は「国有林は国民共通の財産である」という基本認識をもって管理経営にあたってきたが、市民参加を本格的に展開しはじめたのは環境アセスメント制度導入以後のことである。

　森林局は市民参加の本格的な導入にあたって、1982年にハンドブックを出版しているが、[20]このなかで市民参加を実施する目標として以下の6点をあげている。①より良い決定を行う、②森林局の活動・計画・決定を市民に知らせる、③情報を公開し、決定過程に対する市民の理解と参加を支援する、④市民の多様な価値観を認識し、森林局が行う決定によって市民がどのような影響を受けるのかを明らかにする、⑤市民の関心を把握する、⑥決定を行う際の情報ベースを広げる。

　ここから読み取れるのは、森林局が情報を公開し、計画策定過程への市民の参加を促進することによって、より良い計画をつくり上げようとしていることである。少なくとも建前としては、アセスメント制度のなかで義務づけられたものとして市民参加をアリバイ的に導入しようとしているのではなく、市民参加を国有林管理において不可欠の構成要素として積極的に位置づけようとしていることに注意する必要がある。それでは、森林計画策定にあたって具体的に市民参加はどのように行われているのであろうか。

　第1に計画策定過程の開始、計画案と環境影響評価書案の作成終了・市民参加の開始、最終計画案と環境影響評価書の作成終了・異議申し立ての受け付け開始という計画策定過程上の重要な段階に関しては必ず官報に掲載するとともに、地方紙やローカルラジオ局などを通じて広報を行い、市民が計画に対してリアクションを行う機会を広く知らせようとしている。

　第2に各国有林管理署は「顧客名簿」ともいうべき郵送リストをもっている。これまで国有林管理署に対して資料を請求したり、意見を述べるなど多様な形で

コンタクトしてきた市民について、それぞれ興味ある分野ごとに分類した郵送リストを作成しており、このリストに基づいて計画策定に関する情報の送付を行うなどして情報をやり取りし、より焦点を絞った市民参加を行おうとしているのである。なお、計画策定に関わる文書類はすべて、国有林管理署や森林区事務所で簡単に手に入れられるようになっている。

　第3に管轄地域内の主要な市町村などで公聴会や市民集会などを開催して意見の聴取を行っている。[*]このほかにもそれぞれの国有林管理署が地域の実情に応じて多様な形態で情報公開と参加の機会を設定しており、できるだけ市民が参加しやすい条件を整え、できるだけ幅広い意見を集めようとしているのである。

　収集された意見はIDチームによってすべて平等に検討され、これに基づいて計画案の変更や追加が行われる。すべての意見に対して、どのように検討され、どのように計画に反映されたか、あるいはされなかったかを記載した文書を公開することが義務づけられており、これによって意見提出者は自分の意見がどのように検討されたかを知ることができるようになっている。

　以上のような市民参加をロサンゼルス市近郊のロスパドレス国有林（Los Padres National Forest）を例にとってみると、スコーピングの段階では市民集会を10カ所で開催し延べ370名が出席したほか、郵送によって提出された意見書は231件にのぼった。こうして収集された意見を参考に計画案の策定が行われたのであるが、作業の進行状況を知らせるニュースレターを逐次作成し、約2000部を配布している。策定された計画案と環境影響評価書は郵送リストに従い1900部が配布され、また市民からの意見収集のために11カ所で公聴会あるいは市民集会を開催し、812名が参加した。また郵送による意見書の数は1806件にのぼった。[**] 以上のように、計画関連文書を広範に配布し、公聴会や市民集会を開催し、市民からの問い

---

[*]――一般的には、公聴会（Public hearing）は市民が次々に意見を述べるだけの場、市民集会（Public meeting）は国有林管理署と市民との間で意見のやり取りを行う場と分類することができる。公聴会は「言いっぱなし」という性格をもつが、日本の公聴会は事前に登録した限られた人々しか意見を述べられないのが一般的であるのに対して、合衆国では誰でも事前予約なしに自分の思うところを自由に発言できる場となっている。

[**]――この国有林の場合は大きな紛争を抱えていなかったため、意見書の数もそれほど多くなく、比較的スムーズに進んでいる。これに対して北西部の国有林のように原生林保護に関して大きな紛争が生じたところでは膨大な数の意見書が寄せられ、その解析に多大な時間を要した。

合わせに応答し、あるいは議論を行い、膨大な数の意見書を分析するなど、市民参加を行うためには極めて煩瑣な作業が必要とされるのである。こうした市民参加は森林計画のように大掛かりなものだけではなく、より小規模の計画、例えばキャンプ場の建設、個別的な木材販売計画などに対しても同様に行われている。

　以上述べてきたような市民参加をスムーズに進めるためには、森林局と市民の間の日常的な信頼関係の構築を欠かすことができない。そこで各国有林管理署や森林区では日常的に地域住民や訪問者との交流を心がけるとともに、先にも述べたように事務所内にオープンスペースを設けて市民対応の専門官を配置し、市民が気軽に訪問し、意見を交わすことができる条件を整えている。

　市民参加に関してもうひとつ指摘しておかねばならないのは、情報公開法（Freedom of Information Act）の存在である。市民が計画過程に参加するためには、十分な情報が獲得できることが前提条件となるが、これを保証しているのが情報公開法である。すべての段階の国有林組織には情報公開を担当する職員が配置されており、非営利目的の場合、コピーも含めて無料で情報公開している。

　またここで情報公開という場合、単に要求された特定の文書を公開するだけではなく、森林局の側が市民の要求に応じて文書を探し出してくることまでも含む。例えば、ある木材販売計画に関するすべての資料を要求された場合、情報公開担当官はこの計画に関わった担当者全員から資料を収集してきて、これを公開することが求められているのである。特に市民が森林局の行為に対して訴訟を準備している場合には、この市民は詳細な資料を要求してくるが、森林局はこれに応える義務を負っている――すなわち自分が訴えられるための資料を作成することが求められる――のである。このような徹底した情報公開制度のうえに市民参加制度が成立していることを忘れてはならない。

2.3.　国有林の財政

財政システム

　国有林に関わる財政構造は極めて複雑であるが、ここでは国有林管理の全体像をおさえるという観点からその概略についてみてみたい。[21] 図2-5は国有林会計システムの概略を示したものであるが、連邦政府の一般会計割り当てによるものと、

図2-5 合衆国国有林の会計システム

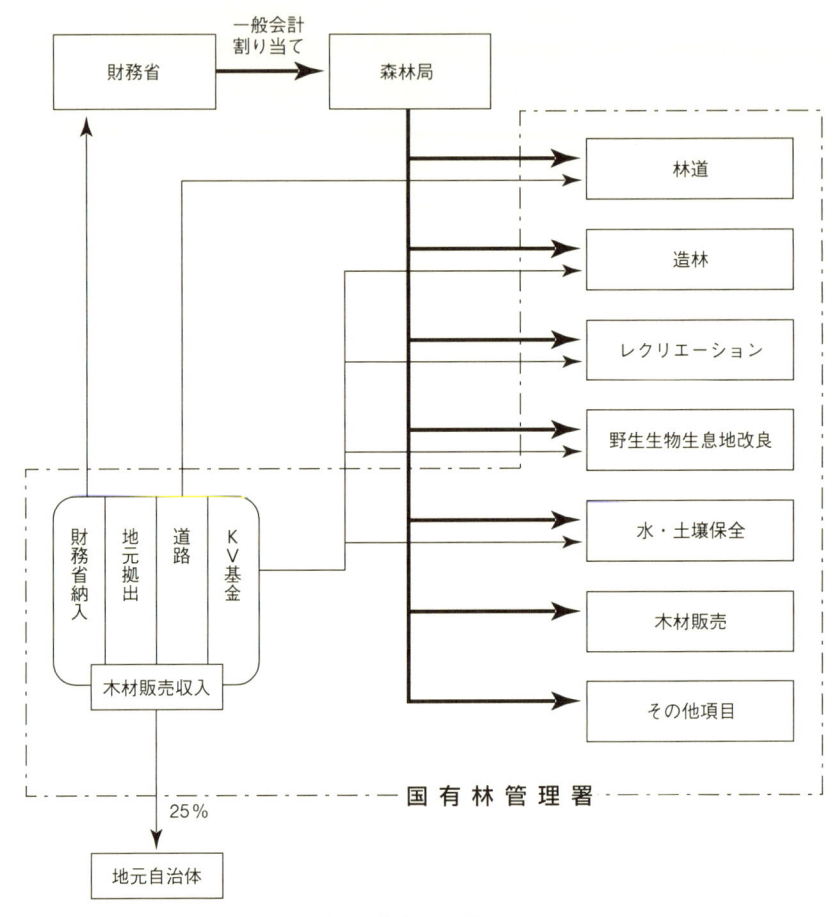

注1：簡略化して一般会計と木材販売収入会計のみを示している
注2：太線が一般会計による財政

木材販売などの収入による独自会計の2つに分けられる。

まず、一般会計予算は議会から割り当てられた予算を各地方森林局・国有林管理署に分配していくもので、これらの予算は木材販売、レクリエーションなどの項目別におろされてくる。

一方、独自会計に関しては、様々な国有林管理活動から生み出される収入ごと

に、複雑な会計システムがつくられているが、ここでは収入のかなりの部分を占める木材販売についてみてみよう。まず販売収入のうち25％は国有林が固定資産税支払いを免除されている代替措置として地元自治体に支払われる。また、木材販売価格は伐採・搬出を行うための林道作設費用を控除して算定するが、小規模業者など自ら林道作設を行う能力がないものは、林道作設費を含めて木材代金を支払い、この代金を使って国有林管理署は林道作設を行う。また、KV基金というのは1930年に制定されたKV法に基づいて、木材販売収入の一部を、伐採跡地の更新、さらには伐採地周辺の野生生物生息地改良、レクリエーション施設維持・建設、水土保全など幅広い目的に使うために積み立てるものである。*KV基金は各署の裁量によって利用でき、また基金に組み入れてから5年以内に使えば良いことから、現場にとっては極めて使いやすい資金源となっている。

木材販売収入から上記のような地元供与金、林道建設資金、KV基金を除いたものが国庫収入として財務省に納められる。ただし、木材代金の納入額と国有林への一般会計割り当ては関連していない。**

さて、次に支出の状況について国有林管理署レベルに焦点を当てて簡単にみておく。上述のように一般会計支出は項目別——主として資源管理分野別——におろされてくる。項目数は41あり、この項目の目的にかなっていれば、それをどのように使うかは各国有林管理署や森林区の裁量にまかされている。例えば野生生物生息域保全費であれば、それを生息域保全にあたる野生生物専門官の給与にあてるのか、計画にあてるのか、あるいは具体的な生息域修復の工事費にあてるのかを各地域・職場の実態に合わせて決定することができるのである。このことは逆からみると、職員定員があって雇用職員にあわせて職員給与がおりてくるのではなく、必要な職員を各国有林管理署や森林区で雇用し、その給与に見合った額を項目別におろされてくる予算のなかから組み合わせて支出するという形態となっているということを意味する。例えば野生生物専門官の仕事内容は野生生物生

＊——KV法は、正式には立法提案者の名前からKnutson-Vandenberg法と呼ばれている。そもそもの法律が意図したところは大恐慌下において、国有林の伐採跡地の造林に一般会計を十分配分できないことを懸念して、木材購入者に一定の負担を行わせようとしたものであるが、今日までにその使途は大きく拡大されてきている。

＊＊——そもそも国有林への一般会計支出と販売総収入を比較しても後者は前者の3割以下を占めるにすぎない。

表2-5　合衆国国有林における費目別財政支出

単位：1000ドル

	1993	1994	1995	1996	1997年
〈資源管理部門〉					
エコシステム計画・調査・モニタリング			149,732	130,088	130,088
鉱物・地質管理	34,812	33,017	38,932	35,017	35,767
不動産管理	36,024	34,880	45,621	43,047	43,047
境界測量	30,873	28,783	15,945	14,006	14,006
施設維持	26,495	26,476	26,304	23,008	23,008
森林警察	15,479	55,130	63,516	59,637	59,637
林道維持	81,936	79,180	83,784	81,019	81,019
木材販売	219,033	184,606	108,555	188,641	196,000
植生管理	92,306	62,339	84,907	82,138	86,168
レクリエーション	229,742	224,522	220,136	211,151	211,151
魚類・野生生物生息域管理	116,364	121,130	93,182	85,561	85,811
牧野管理	44,443	44,127	18,473	27,012	38,012
土壌・水・大気管理	72,325	77,984	48,282	42,014	42,114
小　　計	999,832	972,174	997,369	1,022,339	1,045,828
一般事務（小計）	305,941	298,174	296,982	263,698	259,353
火災予防	189,163	190,108	160,010	295,315	319,315
消火	185,411	190,222	225,628	90,170	510,701
災害対策				100,000	0
小　　計	374,574	380,330	385,638	485,485	830,016
施設建設	83,868	94,437	61,588	46,029	59,974
林道・歩道建設	140,586	97,345	98,185	114,951	115,000
歩道建設	27,233	32,310	32,448	−	0
その他				60,800	32,895
小　　計	248,937 注1	244,092	192,221	221,780	207,869
土地取得	62,412	64,250	63,873	39,392	40,575
他会計繰入れ注2	539,240	542,774	506,289	512,001	484,868
基金繰入れ注3	310,191	298,404	222,953	205,597	206,703
その他	5,983	6,111	3,194	6,144	4,920
合　　計	2,847,110	2,806,309	2,668,519	2,756,436	3,080,132

資料：Report of the Forest Service
注1：他の特別会計から繰入れがあったため、表記の数値の計とは一致しない
注2：国有林収入から連邦一般会計への繰入れや自治体への供与を示す
注3：基金繰入れとは、KV基金など他の特別会計への収入の繰入れを示す
注4：1995年から会計項目が変更されている

表2-6　一般財源・KV基金別資源管理実行量の比較（1997年）

分野（単位）	一般財源による実行量	KV基金による実行量
造林（1000ヘクタール）	51.2	77.4
育林（1000ヘクタール）	47.6	55.6
魚類・野生生物生息域改良（1000ヘクタール）	135.5	125.2
河川生息域改良（km）	1253.8	455.6
牧野改良（1000ヘクタール）	14.8	6.0
水土保全（1000ヘクタール）	18.4	7.0

資料：Report of the Forest Service

息域保全から木材販売など多様な計画策定に関わっているが、仕事量に応じてそれぞれの予算項目から給与が支出されているのである。

　現場レベルに対して予算利用に関してかなりの裁量権が与えられているのであり、地域の実情に応じた柔軟な国有林管理を行うことを可能としているといえよう。分権的な会計制度が、前述のような国有林管理の分権制を確保する大きな要因となっているということができるのである。

財政支出の動向

　表2-5は、国有林全体の費目別支出額を示したものであるが、総支出の約4分の1が上述のKV基金など国有林経営のための特別基金への繰り入れにむけられており、4分の3が国有林管理に支出されている。

　総支出の約3分の1を占める資源管理部門をみると、部門内ではレクリエーション及び木材販売が主要支出分野となっており、これに調査・計画分野が続く。また、野生生物生息域管理など生態系保護・保全分野に対する支出もかなりの額を占めており、多目的利用を達成するための財政的な裏づけが行われている。木材生産が活発に行われていた1980年代半ばまでは資源管理予算の7割以上が木材販売関係に支出されていることを考えると、財政支出の面からも木材生産優先体制を脱却しているといえよう。

　なお、合衆国国有林では森林火災が森林管理上大きな問題であるため森林火災コントロールのための予算がかなりの比率を占めている。特に森林火災が多発す

る年などは消火に多額の資金を要し、例えば1997年も総支出の約6分の1が森林火災消火のために使われた。

　先にKV基金が国有林管理にあたって重要な役割を果たしていることを指摘したが、それでは実際の森林管理に関するKV基金支出の比率はどのようになっているのであろうか。表2-6は分野別に一般財源・KV基金別の資源管理実行量をみたものである。これをみると、いずれの分野においてもKV基金が重要な役割を果たしており、特に造林・育林では一般財源によるものを上回っており、また魚類・野生生物生息域改良に関しても一般財源とほぼ同等の位置にあることがわかる。このように現在の資源管理は造林に限らず、KV基金がなくてはならない重要な部分を占めているのであり、木材販売を減少させることはKV基金の減少、すなわち資源管理水準の低下に直接影響してくるのである。このため、KV基金を獲得するために木材販売を増大させるというインセンティブが働き、「自然保護を行うために伐採を行う」と皮肉られるような事態が生じている。[22]

第3章　国有林改革の現状と展望
——エコシステムマネジメントへの転換をめざして

　前章で述べたように、アメリカ合衆国では1970年代から森林保護運動が活発化するとともに、1980年代には世論が環境重視に大きく傾いてきた。このような状況のもとで森林局はその商品生産優先の国有林経営を強く批判され、環境を重視した森林管理にむけて大きく軌道修正することを迫られた。現在エコシステムマネジメントを基本的な考え方として、生態系保全を重視する方向に進もうとしているが、これは創設以来の国有林のあり方を根本的に転換しようとするものである。そこで本章では以下の3点を課題として、国有林改革の現状と課題について論じたい。

　第1の課題は1990年代に打ち出された新たな施策等を通して、今日国有林がめざしている方向性について明らかにすることである。ここでは基本的な考え方の転換と、実行するしくみを中心として叙述を行う。第2の課題は国有林管理の方針転換を引き起こした要因について明らかにすることであり、内部要因と外部要因に分けて分析を行う。そして第3に現在の国有林及びそれをとりまく社会的政治的情勢を分析するなかで今後の国有林改革の展望について明らかにする。

1.　国有林改革の現状

1.1.　エコシステムマネジメントへの転換

　環境保護運動による批判の高まりのなかで、森林局は新たな国有林管理の道を探る実験を行いはじめたが、その先頭に立ったのはニシヨコジマフクロウ保護が

問題となった北西部であった。その嚆矢となったのは1980年代後半から始められた「新しい林業」(New Forestry) の実践である。北西部の主要樹種であるダグラスファー林の施業は、これまで効率性と更新の容易さから皆伐一斉造林によって行われてきたが、野生生物生息域の保護などの配慮を欠いていたことが強く批判されるようになった。そこで従来の施業方法を生態系保全という立場から根本的に問い直し、野生生物生息域など生態系に配慮した新たな森林施業を開発しようとしたのが「新しい林業」であり[23]、研究者と国有林技術者が協力して国有林をフィールドとした実験的な施業を展開しはじめたのである。「新しい林業」は最新の科学的知識の応用によって問題を解決しようとした点で、従来の国有林経営の延長線上にある考え方であるが[24]、一方これまでの資源管理のあり方を根本的に問い直そうという動きもほぼ同時に始まった。

　森林局は国有林経営の方向性を根本的に転換することなしには信頼回復はありえないと認識し、1990年1月からニューパースペクティブ (New Perspective) と呼ばれる資源管理・研究の取り組みを始めた。ニューパースペクティブは、木材生産を優先させ、生産目標の達成に焦点を当てたこれまでの国有林管理のあり方を、生態系の保全とそれを支える人間社会の維持をめざすものへと大きく転換しようとする試みである。土地倫理 (Land Ethics)* を基本に据えて生態系の保全を目標とし、生態系・社会・経済を統合的に考えて、市民の参加・共同によって資源管理にあたろうとしている点で、ニューパースペクティブは単に森林管理の「手法」の転換を示したものではなく、その「基本思想」を転換するという射程をもち、次に述べるエコシステムマネジメントの原型ともいうべきものであった[25]。

　1992年には森林局はエコシステムマネジメントを公式に方針として採用した。既に述べたように、エコシステムマネジメントは生態系保全を最重要視し、それを目的とした資源管理を社会のあり方と結びつけて考えるという点で、新たな資源管理のパラダイムを切り開こうとする思想である。エコシステムマネジメントの採用は国有林経営の基本思想を根本的に転換しようとするものであり、「新し

---

*──土地倫理は森林局の森林官・野生生物専門官であり、全米有数の環境保護団体ウィルダネスソサエティー創立メンバーの一人であったアルド・レオポルドがその著書 *A Sand County Almanac*（新島義昭訳〈1996〉『野生のうたが聞こえる』、森林書房）のなかで提唱した考え方であり、経済的動機に基づく自然資源管理の限界を指摘し、生物相の総合的・安定的な保全を強く求めたものである。この考え方は今日まで合衆国の自然資源管理に強い影響を与えてきた。

写真3-1 「新しい林業」のもとで、国有林における伐採作業は、上のような皆伐作業から、下のような非皆伐作業へと大きく転換してきた。

い林業」の導入から始めた自己改革の動きを不退転の決意をもって本格化させたと理解することができる。

エコシステムマネジメント導入は、資源管理におけるクリントン政権の基本的な方針であり、連邦有地管理に関わる主要な四つの官庁——森林局・土地管理局・国立公園局・魚類野生生物局——はすべてエコシステムマネジメントを基本方針とし、また資源管理に関する研究もエコシステムマネジメント一色に塗りつぶされているといっても過言ではない。こうしたなかで生態系保全にむけた国有林改革の焦点は、「行われるか行われないか」から「どのくらいのスピードで実行されるか」に移りつつある。そこで節を改めてエコシステムマネジメント実行にむけて森林局がどのような実行装置を準備しているのかについて検討する。

1.2. エコシステムマネジメントの実行にむけて

ここではエコシステムマネジメントの実行にむけた、森林局の枠組み再編に関する取り組みについてみることとし、具体的な現場レベルでの取り組みについては、次章で北西部森林計画を事例として述べることとする。

国有林計画策定規則の改定作業

先にも述べたように1980年代に本格化した国有林計画策定が各地で暗礁に乗り上げたことから、森林局では1980年代終わりから計画制度の見直しを進めてきた。この結果は1991年に全10巻からなる大部の報告書としてまとめられ[26]、これをもとに森林計画策定規則の改定作業が開始された。改定作業中の1992年に森林局がエコシステムマネジメントを基本方針として採用し、1993年にはクリントンが政権について大がかりな行政改革を始めたため、この両者を取り入れて森林計画策定過程の簡素化、決定枠組みの明確化、市民・他の政府機関との協力関係の強化、エコシステムマネジメント概念の森林計画への導入の4点を基本原則として改正案が作成され、1995年4月に公表、市民の議論に付託された[27]。市民からは膨大な数のコメントが寄せられたが、環境保護に関わる人々は環境保全への配慮が十分でないとして、また木材業界や山村住民は国有林の保護地域化を一層加速化させるとして、両陣営とも改正案に批判的であった。このため森林局は1997年半ばま

でにこの改正案の導入を断念せざるをえなくなった。

　そこで森林局は1997年12月に、国有林計画体系改善に関する科学的・技術的提言を農務省長官と森林局長官に対して行うための科学者委員会（Committee of Scientist）を設置し、この提言に基づいて計画過程の再検討を行うこととした。科学者委員会は自然資源管理に関わる合衆国を代表する科学者を組織したもので、委員会は各地域でヒアリングや討議の機会を設定しつつ、提言書の策定作業を精力的に行い、1999年3月には最終案が提出された[28]。

　この提案書は計画に関わる多様な分野に関して、自然科学・社会科学双方から詳細な検討を行っており、その上に立って規則改定の方向性についての提案を行っている。提案の内容について簡単にまとめると以下のようになる。

　①生態的・経済的・社会的持続性を国有林管理の根本的な目標とする——生態的な持続性が経済的・社会的持続性の基礎となり、経済的・社会的持続性は現在そして将来にわたって人々の生活に貢献する。②より大きな景域（landscape）のなかで国有林を位置づけて管理を行う。③市民と専門家の共同作業によって資源の現状と動向を把握し、市民との共同（collaboration）によって計画を策定する。④国有林職員と市民のエンパワメントを図り、各地域で総合的な資源管理に取り組めるようにする。その際に将来的に「望ましい状態」はどういったものなのかをはっきりさせる。⑤計画と財政を統合的に考える——財政の現実を見据え、また将来的な収入源の確保を考えつつ計画を作成する。また、国有林管理のなかで特に重要な位置を占める流域保全と木材生産に関してより詳細な提言を行っている。

　以上のように根本的な計画の課題と方向性を提示しており、挫折した計画規則改正案や、エコシステムマネジメントにからんで出されていた議論は、概ねカバーされているといえる。

　この委員会の議論をもとに森林局内で計画案策定の議論が再度行われ、1999年9月28日に新たな計画案が国民の議論に付託された[29]。この計画案のポイントを既存の計画規則との対照で示すと以下のようになる。

　①森林局が主体となって行っていた計画策定を、森林局と他の様々な主体との「共同」作業によって行うこととする。②生産物やサービスの提供に計画の重点が置かれていたのを、望ましい国有林の「状態」はどうあるべきかを焦点とする。

③短期的な目標に焦点が当てられがちであったのを、長期的な生態系・社会・経済の持続性を主要な目標とする。④地方森林局長が森林計画の認定を行うこととなっていたが、この権限を国有林管理署長におろし、より分権的に計画策定及び決定が行われるようにする。⑤計画のアセスメント・策定・モニタリングに関わる科学や科学者の役割をより重視することとした。⑥これまでの規則は計画をどうつくるかに焦点を当てて記述されていたが、どう実行するのかに焦点を当てた。

　以上のように、委員会の検討を踏まえて、1995年に出された案よりさらにはっきりとエコシステムマネジメントの原則が計画に反映できるように規則改定が提起されているといえる。この案が市民からのコメントを経てどのように扱われていくのかは、今後の経過をみなければならないが、資源管理方針の転換を計画策定という森林管理の基軸をなす行為に対して反映させるために、森林局は今後も最大限の努力を重ねていくであろう。

組織改革

　先にも述べたようにクリントンは着任早々行政改革キャンペーンを打ち出し、企業家精神を取り入れた組織をめざして形式主義の克服・顧客の最優先・結果に責任をもつ職員の育成・コストの低下の4点を目標として設定した[30]。ホワイトハウスは各省庁に行政改革の先進的取り組みを行うための「実験」部局を置くことを求めていたが、新長官のもとで組織改革を進めようとしていた森林局は、自ら積極的にこの実験部局としての名乗りを上げ、検討グループを設けて組織改革の方向性について検討を重ね、1994年12月には「森林局の再生」[31]と題するレポートをまとめた。このレポートでは生態系の保全・復元を実行することを組織改革の目標とし、その実現のために地方森林局の境界を生態的特徴にあわせて線引きし直し、あわせて現行の9地方森林局を7地方森林局に縮小することによって、行政改革とエコシステムマネジメントの追求を同時に行うことを提案した。

　しかし、エコシステムマネジメントの導入など森林局の環境シフトに批判的な共和党が1994年に議会の多数派を制したことから、エコシステムマネジメントにむけた森林局の行動に大きな枠がはめられることとなり、地域再編の導入は不可能となった。またこれ以外のレポートの提案についても、組織の簡素化や国民へのサービスの改善など一般的な指針の枠を出ておらず、結局のところ森林局の組

織改革で明確な成果をあげたものは、行政改革の一環としての人員削減のみであった。この削減についても、総数ではホワイトハウスから与えられた目標は達成したものの、管理職層の削減目標は達成されなかったことから、非管理職層への人員削減のしわ寄せや上層部の相対的肥大を結果したと批判された。[32] 特に1980年代中盤以降環境保護運動の高揚のなかで、大幅に木材生産量を減少させた北西部などの地域では、この過程で現場レベルの職員の大幅減員を行っていたため、行革下の人員削減がさらに大きな重荷となり、職員の過重労働や無理な転勤などを余儀なくされることとなった。

ただし、現場レベルではエコシステムマネジメント導入と人員削減をにらんだ組織改革が地道に行われている。多くの国有林管理署・森林区では人員削減と行政改革への対応から機構の簡素化を進めるとともに、エコシステムマネジメントを実行するための体制づくりが試みられている。例えば先にMBS国有林やその傘下のダーリントン森林区の組織で示したように、従来大きな部署であった木材生産部門を他の資源管理部門と統合して新たにエコシステムマネジメント部局を設置し、資源管理に関わるスタッフはすべてこの部局に配属した。これによって少なくとも形式上は木材生産は生態系管理の一部門として位置づけられることとなり、木材主導体制が組織面でも大きく転換しはじめたのである。ただしエコシステムマネジメント自体が先にも述べたような実験的な性格をもつものだけに、この組織編成についても今後も再編が続けられるであろう。

以上のように組織改革については共和党議会によって組織改編が阻止され、一方で人員削減によって現場の負担が大きくなったが、現場レベルではエコシステムマネジメントの実行にむけて地道な組織づくりが行われている。エコシステムマネジメントは国有林内で方針として定着したが、実行するための制度的枠組みの形成は、政治的障壁に阻まれて進んでいないのが現状といえよう。

2. なぜ改革が可能となったのか

2.1. 外部からの圧力

森林局が大きな方針転換を行った最大の外部的要因は、疑いなく環境保護運動

の高揚と世論の環境保護へのシフトである。

　1960年代から70年代に環境保護運動が勝ち取った環境保護のための一連の法律を基礎として、80年代に環境保護運動は全国各地で森林保護運動を活発化させたが、運動高揚の大きなきっかけとなったのは国有林森林計画策定への参加であった。国有林管理法に基づく国有林森林計画策定作業は1980年代に展開されたが、この過程に積極的に参加した環境保護運動の多くは、前章で指摘したような国有林の木材生産主導体制の壁につきあたり、森林局に対する不信を増大させるとともに、国有林経営方針の根本的な転換を求めて運動を活発化させていった。

　こうした保護運動の活性化は、1980年代を通じた環境保護団体の会員数の急速な成長に支えられるところが大きい。例えば全米規模の12の環境保護団体の会員数は1979年の157万人から1990年には310万人へとほぼ倍増した。この原因として考えられるのはまず第1に、レーガン政権下における反環境政策に環境保護団体や市民の多くが危機感を抱いたこと、第2に環境保護団体がダイレクトメールによる会員勧誘など新たな会員拡大戦略をもったこと、そして第3に1980年代に世論が環境保護にむけてシフトしていったことがあげられる。こうした世論の変化と会員数の急成長を受けて保護運動はますますその影響力を強めていったのである。[33]

　環境保護運動についてもうひとつ指摘しておかなければならないことは、シエラクラブなどの全国的な環境保護運動を妥協的であると批判して、ラディカルな森林保護運動が各地で簇生(ぞくせい)したことである。そのなかにはアースファースト！のように実力行使も辞さないような団体も含まれる。これらの団体は、例えば伐採対象木の上でキャンプして伐採を阻止するなど、マスコミの注目を集めるような直接行動に訴え、これが様々なメディアを通じて紹介されるなかで人々の関心を引きつけることに成功している。こうした世論の幅広い支持を背景として環境保護運動は森林局への批判をますます強め、これが広くマスコミに報道されることによって、さらに森林局への社会的批判が高まっていったのであり、森林局は方針転換なしには社会的な信頼を回復できないところまで追い込まれていったのである。

　以上のような環境保護運動の展開とあわせて大きな影響力をもったのは、司法による森林局への厳しい判断である。よく知られているように合衆国においては

司法が下す積極的な判断が政策転換の大きなきっかけとなるが、1980年代中葉以降次々と最終案が出されてきた国有林計画や木材販売計画に対して不満をもつ環境保護団体は次々と異議申し立て、さらに訴訟を起こしていった。こうした一連の訴訟で最も厳しい判断が下されたのがニシヨコジマフクロウ保護をめぐるものであり、小手先の対応しかできなかった森林局に対して繰り返される訴訟のなかで森林局は連敗を重ね、連邦地裁は1991年には「森林局は単に誤って法令を守らなかったのではない。……森林局は野生生物保護に関する法令に従うことを恣意的・組織的に拒否している」という極めて厳しい判断を示して、新たなニシヨコジマフクロウ保護計画とその環境影響評価書を作成するまで木材販売を差し止めたのであった。こうしてニシヨコジマフクロウ生息域内における国有林経営は機能不全に陥っただけではなく、これまでの国有林経営が野生生物に対する配慮を欠如しており、度重なる敗訴にもかかわらず木材優先経営から抜け出せなかったことが明らかにされ、根本的な方針転換をしない限り森林局が生き残ることは困難となった[34]。

外部要因としてもうひとつ指摘しなければならないのはクリントン政権の誕生である。多くの環境保護団体の支持を得て当選したクリントンは環境保護に重点を置いた政策展開を進め、前述のように北西部の連邦有林管理をめぐって生態系保全に配慮した大胆な方針を打ち出したほか、行政改革の面でも、自然資源管理においてエコシステムマネジメントを基本方針とするなど、1990年代に入って始まった国有林改革を大きく後押しした。ただし、急速な環境シフトは一方で大きな反発も呼び起こし、1994年議会選挙における共和党の歴史的勝利もあって、クリントン政権の環境政策は軌道修正を余儀なくされた。

2.2. 自己改革の動き

これまで森林局改革の要因として上述のような環境保護運動と司法判断に目が向けられがちであったが、森林局内部からも改革の動きがあり、これが改革を支える大きな力になっていたことにも注目する必要がある。

カウフマンという行政学者は、国有林職員の行動様式の調査をもとに1960年に出版した「森林レンジャー」(The Forest Ranger) という本のなかで、国有林組

織の特徴を「自発性に基づく集中」（Voluntary Conformity）と規定した。[35] 国有林組織はそのほとんどが林学を学んだ白人男性森林官によって構成されており、森林経営に関する考え方は林学をバックグラウンドとしているため共通していたし、白人男性という社会的な位置に関わる価値観を共有していた。このため、分権的な組織体系を取りつつも組織への強い忠誠心と求心力を強制することなしに獲得していると捉えたのである。そしてこれが国有林が効率よく機能的な組織を形成し、高い社会的評価を獲得した大きな要因であるとしながら、方針転換を必要とするときには「自発性に基づく集中」は大きな障害として立ち現れるだろうとしていた。[36] なぜなら共通の価値観のうえに組織の方針が形成されている状態のもとでは、自発的な改革の動きは起きにくく、外圧による改革の強制は組織内に大きな軋轢と反発を呼び起こし、改革を困難なものとするからである。実際、1981年に行われた国有林職員・環境保護運動関係者・林産業者に対するアンケート調査では、森林を利用優先で考えるなどの点において国有林職員は林産業者と価値観を共有し、変化に対する強い抵抗感をもっているとして、この調査を行った研究者は改革が内発的に進むことに否定的な見解を示していた。[37]

一方、前章に述べたように森林局では1970年代から野生生物等森林官以外の専門家、女性や黒人・マイノリティーの雇用を積極的に進めたために職員の多様化が急速に進んでおり、白人男性の森林官がほとんどを占めていた1960年代以前に比して森林局組織は大きな変貌を遂げてきた。

ここで重要なことは、アメリカ合衆国では専門分野ごとに専門家・研究者が団体を組織しており、それぞれの分野の専門性を磨くとともに、専門職として活動するうえでの独自の倫理綱領を共有しているということである。例えば野生生物の専門家や研究者は「野生生物学会」に結集しており、ここでは研究会・研究成果の普及などを行うとともに、野生生物研究・管理に関わる専門家としての職業倫理綱領を定めている。野生生物専門家は、たとえ森林局に雇用されても森林局の方針に無批判に従うのではなく、野生生物専門家としての信念に従って職務を遂行しようとするのである。

かつての森林局は同質な森林官のみによって構成されていたということから、森林官という専門性に忠実であることと、森林局に忠誠をつくすということはほぼイコールの関係にあった。しかし、その他の専門家の場合この関係が成立しな

いことは容易に想像できよう。例えば、1990年代に行われた国有林職員の職種別意識状況を調査した研究では、野生生物など商品生産に関わらない職種の職員は、森林官に比べて強い環境保全志向及び市民との積極的なコミュニケーション志向をもっていることが明らかになっている。[38] こうした意識の差は男性と女性の間にも存在するという調査結果も明らかになっており、野生生物専門官などと同じく、女性は男性に比べて強い環境保全志向及び市民との積極的なコミュニケーション志向をもっているとされている。[39]

このため価値観の対立等から組織内での軋轢などの問題が生じ、当初少数派であった野生生物専門官が、積極的な生態系保全の方向性を主張して職場内で孤立するといった事例が各地で生じるようになった。その一方で、前節で述べたような国有林管理方針をめぐる世論の批判の高まりを背景として、組織改革の必要性が次第に共通認識となるなかで、IDチームでの共同作業などを通して専門職間での相互教育が進み、従来木材生産を重視してきた森林官が生態系保全の重要性を認識するようになる一方で、環境保全志向の強い野生生物専門官も多目的利用のなかでの生態系保全のあり方を考えるようになってきた。[40] 以上のような変化は若年層――非管理職層――から始まったが、職員の価値観の多様化や世論の環境保全へのシフトに影響を受けて、レンジャーや国有林管理署長といったラインの職員も1980年代を通じて環境保全をより重視する方向へ意識変革が進んだのである。[41]

以上のような価値観の転換のなかで、より直接的な行動によって森林局の方針転換を図ろうとする動きも活発になってきた。その代表的な事例が、森林局の木材生産優先の経営に反対し、生態系の総合的・持続的な保全をめざす考え方――土地倫理――に立脚した森林管理を求めて1989年に結成された「環境倫理のための森林局職員の会」(Association of Forest Service Employees for Environmental Ethics)である。[*] この会は、一時は森林局の職員約2000名を組織して、内部改革に携わる職員への支援活動を行うとともに、ロビー活動や広報活動を通して森林局の方針転換を促進させる運動を展開してきており、内部改革の促進に大きな影響を与えた。

---

[*]――1996年に名称を Forest Service Employees for Environmental Ethics に変更したが、基本的な活動内容には変化がない。

内部の運動でもうひとつ特筆すべきはモンタナ・ノースダコタ州などの国有林を管轄する第1地方森林管理局による森林局中央に対する「反乱」である。1989年11月に第1地方森林局内の国有林管理署長が連名で森林局長官にあてて公開状を提出し、そのなかで今日の国有林経営は商品生産を偏重しており、市民と職員の期待に応えておらず、森林局が方針転換をしない限りわれわれの使命を全うすることができないのではないかと迫った。[42] さらにこの当時、第1地方森林局長であったムンマが野生生物専門官出身の改革派であったこともあって、上からおろされてきた木材生産目標をそのまま実行することは森林保全上望ましくないとして、1990年度には管内木材販売量を目標の7割にとどめ、さらに91年度もほぼ同様の水準に販売量を抑えた。結局ムンマは政治的圧力から辞職したが、[43] こうした動きは森林局内での改革への動きが熟してきたことを示している。

　以上のように森林局組織の多様化が、内部からの国有林改革の原動力を育んできたのであり、こうした原動力が形成されていたからこそ転換期にあたって新しい方針を内部から打ち出すことができたのである。また、生態系管理において重要な役割を果たす生物学関係の専門家や改革志向の職員が育ってきていたこと、IDチームの活動のなかで彼らの価値観が一定程度組織内で共有化されてきたことが、エコシステムマネジメントにむけた転換を大きな混乱なしに進めることができた要因として指摘することができる。森林に対する社会の多様な価値観を森林管理に反映するとともに、変革期における組織の柔軟性と自己改革力を保障するためには、組織の多様化と組織内での言論の自由の保障が必要であることを、合衆国国有林改革の経験は示している。

3. 改革の展望

　さて、以上のように国有林改革が進みつつあるが、一方で課題も山積している。そこで改革に重要な影響を与えると考えられる議会、市民運動、森林局及び国有林をめぐる法制度的枠組み、森林局内部組織の4つに分けて改革をめぐる情勢を明らかにしつつ、改革を展望することとする。

3.1. 議会

議会については2つの点で改革の進展にマイナスの影響を及ぼすことが考えられる。

第1は1996年及び1998年の議会選挙でも森林局の方針転換に冷淡な共和党が上下両院の多数派を握ったことである。共和党は環境保護より開発・経済活性化を優先させる傾向をもつため、森林局のエコシステムマネジメントへの転換に大きな反発を示しており、前述のように森林局の組織改革を阻止したほか、北西部森林計画対象地に対して伐採の抜け道を与える法律を成立させ[44]、またコロンビア川上流域を対象としたエコシステムアセスメントを一時は中止の瀬戸際にまで追い込んだ。

共和党の影響力は次第に弱まってきており、1994年に共和党が上下両院で多数派を握ったときのように、環境保護に関する連邦諸制度を根本的に見直そうという動きが再び現実的な日程にのぼるとは考えられない。しかし今後も国有林のエコシステムマネジメントにむけた新しい動きに対しては、介入が続くことが予測され、予算など議会の承認を必要とする改革が困難となるだけではなく、国有林における木材生産や牧野利用など商品生産の増加にむけて強い政治的圧力を加えることが予測される。

第2は森林管理をめぐる運動が保護と生産的利用へと両極化し、問題が政治化してきていることから、議会がますます森林局の方針に細かい指示を与えるようになっていることである。

国有林は国民の森林であるから議会が方向性を与えることは必要であるが、一方で技術官僚制の優れた点を生かしつつ、市民とともに地域に根ざした森林管理を行うためには、現場に大きな裁量権を与えられていることが必要である。しかし議員が結びつきの強い利害団体に有利な条件を与えようとして、予算案などを通してますます国有林の細かい経営内容に立ち入った指示を与えたり、紛争に対して政治的に介入することが増加してきており、森林局の自主的な改革を阻害することが懸念されている。

議会の決定のもとに国有林が管理されるべきことは当然のことであるが、一方で、長期的な視点が必要な自然資源管理にとって、政治地図の変化によって短期

的に方針が変化することは不安定要因となる。また、現場をどこまで政治的にコントロールし、どこまで現場に裁量権を与えるのかが課題となっている。

3.2. 市民運動

　市民運動については、環境保護運動と反環境保護運動の2つの面からみることが必要になっている。

　まず全国規模の環境保護運動についてみると、森林局に対する決定的な不信感と運動方針の硬直化が大きな特徴として指摘できる。これまで多目的利用や森林保全を標榜しながら木材優先経営を行い、計画策定過程で環境保護運動の主張を軽視してきたことから、環境保護運動は森林局に決定的な不信感を抱いており、このため生態系保全を行わせるためには、森林局の裁量権を法令などを通してできる限り拘束すべきだということが多くの団体の共通した見解になっている。またこれら団体の主張はますます先鋭化かつ硬直化する傾向にあり、例えばシエラクラブでは1996年初頭に連邦有地のすべての商業伐採に反対することを方針に取り入れるという提案を可決した。* 1990年代に入って会員数が減少に転じたことから、主張を明確にして社会の注目を集めて会員数の拡大を図る必要があること、小規模でラディカルな環境保護団体からの妥協的だという批判に対抗すること、そして共和党主導議会による環境政策の総見直しへの対決姿勢を鮮明にしようとしていることが、硬直化の原因と考えられる。

　このような環境保護団体の動きは、森林局のエコシステムマネジメントへの転換という面では追い風として作用するものの、国有林全体をウィルダネス化するような志向性をもって森林局の行動を縛ろうとすることは、現場職員の自己改革意欲に悪影響を与えるだけでなく、次に述べるような反環境保護運動との対立を一層激化させることが懸念される。

　1990年代において、国有林経営に関わる新たな市民運動として念頭に置かなけ

---

　*──この決定に関しては森林官協会などが反発しただけではなく、シエラクラブの内部でも、特に国有林問題に関わっている活動者層から、森林局や山村住民との対話のチャンネルを狭めるものだとして反対意見が主張された。しかし圧倒的多数の一般会員にとっては「商業的伐採禁止」というスローガンは耳に心地よいものであり、大差で提案は可決されたのである。

写真3-2 シアトルで行われた国有林での伐採反対集会。自然保護団体の国有林に対する態度は依然として冷たい。

ればならないのは、反環境保護運動——ワイズユース運動*である。この運動は私有財産に対する環境規制を補償なしにさせないという私有財産保護と、連邦有地が卓越する西部を中心に牧畜業者などが求める自由な連邦有地利用権の保障という2つの運動を基礎としており、1989年にははじめて全国大会が開かれて運動の基本原則が確認され、これ以降全国的な運動として進められるようになった。この運動は環境保護運動の手法をそのまま取り入れて市民への浸透を図り、西部や農山村部などを中心に根強く存在する反連邦政府感情等と結びついて、1994年選挙で共和党が議会の主導権を握るのにあわせて強い影響力を行使するようになった。

環境保護団体はこれら反環境保護運動は資本の資金提供を受けて操作されているとして批判しているが、一方でインセンティブを与えることなしに環境・土地

---

*——ワイズユースはもともと20世紀初頭の「保全運動」において、資源を賢明に利用しつつ保全するという意味で使われていたが、これを厳正な保護を要求する環境保護運動の主張に対置させる形で用いられるようになった。アメリカ合衆国ではワイズユースという言葉が反環境保護運動を指す言葉として用いられる場合があるので注意する必要がある。

利用規制が急速に進んでいることに対して農山村を中心に大きな反発があり、これが反環境保護運動を成長させる大きな力になっていることは疑いがない。[45] こうした反環境保護運動は、前述のような議会における共和党の動きを後押しするとともに、西部などにおいては反連邦政府運動等と結びついて国有林に対して大きな圧力をかけてきている。例えばネバダ州などではこのような組織によるとみられる森林区事務所の爆破事件なども生じるなど、国有林職員の身の安全にも関わる問題にまで発展している地域もある。[46]

以上のように森林管理をめぐって市民運動が両極化し、両陣営ともその主張をより明確にして支持を拡大していこうとしている。すなわち両極化をさらに進めることによって自らの活動基盤を強化できるとそれぞれの陣営が考えているのであり、こうした両極化によって生まれる対立の渦中に国有林が置かれた場合、これまで以上に身動きのとれない状況に追い込まれる可能性がある。

一方で、こうした状況を打開しようという市民運動が生まれているのも事実である。単なる対立は何も生み出さないとして、地域コミュニティーを基礎として環境保護運動から林産業者・農民まで巻き込んで、徹底的な議論を通して相互理解を深めながら地域資源管理の体制をつくっていこうとする運動が各地で起こりつつあり、国有林職員もこれに参加しながら新たな森林管理のあり方を模索している。こうした事例について詳しくは第5章で述べることとするが、これらの運動が膠着状態にある現状を打開する大きな可能性をもっていることは間違いない。エコシステムマネジメントの考え方が社会において根づくか否かは、その実現にむけて森林局等から社会へどれだけ積極的な働きかけが行われるかということとともに、地域を基礎とした自主的な資源管理の運動がどれだけ活性化するかに大きく左右されるであろう。

3.3. 森林局・国有林をめぐる制度的枠組み

先にも述べたように森林局が大きく方針転換しつつあるのは疑いのない事実であるが、問題はこれまでの制度的枠組みにほとんど手がつけられておらず、これが改革の大きな障害となりつつあることである。

第1の問題は財政システムである。これまでの国有林財政は木材生産を中心と

して組み立てられており、一般会計において木材生産関連予算が優先的に配分されていただけではなく、木材販売収入の一定部分を販売地域周辺の森林管理のために積み立てるKV基金がレクリエーションや野生生物管理の重要な資金源として利用されていた。しかし1980年代後半から急速に木材販売収入が減少し、さらには連邦政府の財政再建のために厳しい支出の見直しが行われているため、財政不足が深刻となってきた。例えば表3-1はMBS国有林の財政の推移を示したものであるが、木材販売が減少するにつれて財政配分が減少傾向にあるほか、これまで蓄積してきたKV基金も1998－99会計年度までに底をつくとされており、このときには財政支出規模は約4分の3にまで縮小する。

　森林局は1994年に財政項目の再編成を行って、新たにエコシステムプランニング、調査・モニタリングという項目を設けるとともに、項目数を縮小して、現場でのエコシステムマネジメント実行と財政支出の柔軟性を増大させようとしたほか、野生生物管理等に重点的に予算を割り当てようとしているが、全体としての予算が厳しく制限され、さらにKV基金による財源もあてにできなくなるなかで、エコシステムマネジメントの実行はますます困難になりつつある。

　こうしたなかで北西部を所管する第6地方森林管理局管内で取られようとしている苦肉の策が人員削減である。第6地方森林管理局管内では、これまでも木材販売の減少に伴う業務の縮小や行政改革のもとで人員の削減を行ってきたにもかかわらず、大幅な予算の減少から人件費の比率が財政支出の約7割を占めるようになってしまった。このため人員削減を進めることによって人件費の比率を50～55％程度にまで落として、事業を実行するための財源を確保しようとしているのである。しかし、エコシステムマネジメントは今まで以上にきめ細かい資源管理を要求しており、こうした人員削減によってますます現場職員に負担がかかり、エコシステムマネジメント実行の障害となることが懸念されている。

　一方、こうした財政的な行き詰まりを打開するため、1998年度から試験的にレクリエーションについての利用者負担制度を導入している。これは各国有林で試験対象となるウィルダネスを選び、その利用に対して料金を課し、この収入を当該国有林でウィルダネス管理やレクリエーション施設整備にあてようとするものである。この制度については各国有林の利用者負担による自主財源を増加させることに道を開くものだとして歓迎する意向が森林局内に強く、また世論も概ね好

表3-1　マウントベーカー・スノコールミー国有林の財政状況の推移

単位：100万ドル

年	一般会計割り当て	KV基金等	合計	PRC
1981	21.3	5.0	26.3	15.4
1982	21.3	4.7	26.0	10.9
1983	20.3	3.9	24.2	9.0
1984	20.1	4.6	24.7	5.6
1985	15.6	4.8	20.4	6.9
1986	14.0	4.4	18.4	5.3
1987	17.6	4.8	22.4	4.4
1988	16.8	4.8	21.6	4.5
1989	17.2	5.0	22.2	3.7
1990	18.3	5.8	24.1	4.5
1991	15.2	5.2	20.4	0.9
1992	14.9	5.1	20.0	0.5
1994	15.3	5.3	20.7	NA
1995	14.9	4.5	19.4	NA
1996	13.7	4.4	18.1	NA

資料：マウントベーカー・スノコールミー国有林資料
注1：1993年の数字は得られなかった
注2：1981年から1992年までは1990年のドル価値で換算、1994年から1996年までは実数
注3：PRC＝Purchaser Road Credit、立木落札者で伐採に伴う林道建設ができない小規模業者が森林局に林道建設を委託するもの、合計に含んでいない
注4：数値は四捨五入しているため、合計と一致しない場合がある

意的であるが、一般会計割り当て削減や国有林の独立採算性導入の論拠にされるのではないかという懸念も示されている。

　財政以外の大きな枠組みに関していえば、エコシステムマネジメントが人為的境界を超えた生態的なまとまりのある地域を対象に、社会経済政策と表裏一体のものと考えなければならないものである以上、森林局は他の様々な連邦官庁や州・地方政府との協調関係を築くことが求められている。資源管理に限っていえば土地管理局や魚類野生生物局との協力関係が築かれつつあるが、地域政策分野について経済政策官庁などとの協力関係の構築はほとんど手がつけられていない。縦割り官僚制の壁を克復し、総合的な政策をつくり上げ実行することは今後の課題として残されている。

3.4. 森林局内部

　前章に述べたように森林局内部の職員の多様化が進み、これが森林局改革に大きな役割を果たしている。1993年にニシヨコジマフクロウ研究及びその保護計画の中心となっていた野生生物研究者トーマスが森林局長官に就任したことは、森林局内部からの改革の動きを促進させるものと捉えることができ、ムンマが事実上解任されて問題となった第1地方森林局長のポストに、森林局内でニューパースペクティブやエコシステムマネジメント導入のリーダーであったサルワッソーが任命されたのは、新体制における象徴的人事であるといえる。また前述のように1997年にはトーマスの後任の長官として魚類生物学出身のドムベックが任命され、森林局の長官が2人続けて森林官以外の出身者によって占められることとなった。今後、改革志向の若手が重要ポストにつき、発言力を増すにつれてエコシステムマネジメントを中心とした国有林改革を実行するための布石が打たれていくことになろう。また現場では先に述べた地域資源管理をめざす市民運動と積極的に連携を形成し、またこうした運動をつくり上げる触媒としての役割を果たそうとする動きが活発化しはじめている。

　一方、以下のような問題点が指摘できる。

　第1は森林局職員は世論の両極化の狭間に置かれ、現場の判断や計画をめぐって異議申し立てや訴訟が次々と起こされており、さらには改革を阻害する動きが次々と表面化していることである。こうしたなかで、職員が大胆な判断を下して行動を起こす意欲が阻害され、国有林改革にブレーキをかけることが懸念されている。

　第2は職員の多様化に対して組織としての統一性をどう保つかということである。かつては白人・男性・森林官という同質性のなかで、他の官庁に例をみない分権的体制のもとでも組織としての統一性を保持することができた。しかし、職員が多様化するにつれて、職員の自発的意志によって組織としての統一性と職務遂行基準の統一性を保つことは難しくなってきている。例えば野生生物専門官など森林官以外の職員は、それぞれの専門分野の職業倫理への忠誠を森林局に対するそれよりも重視するといわれており、こうした多様な志向性をもつ職員をコントロールするために、組織の中央集権化や硬直化が進んでいるとされている。し

かし一方で森林管理は分権的な体制を要求する。職員の多様化のもとで、分権的な組織体系と組織としての統一性をどのように保つかはこれからの大きな課題である[47]。

4. 改革の成否はどこにあるのか

　以上述べてきたように、合衆国国有林はエコシステムマネジメントの実行にむけて大きく方針転換しようとしている。方針転換に影響を与えた要因としてこれまで環境保護運動や訴訟の影響が注目されてきたが、森林局内部での改革への動きが重要な役割を果たしたことにも注目する必要がある。そして、この内部改革を進めたのは職員の多様化と組織内での分野を超えた議論によるところが大きい。これまで日本では森林管理に限らず組織の統一性が重要視されてきたが、多様な社会の要求を反映した森林管理を行い、転換期において自己改革を進めるうえで組織自体が多様性をもっていることが極めて重要であることが強調されなければならない。

　森林局は改革にむけた歩みを始めてはいるものの、それを取り巻く状況は極めて厳しい。それはひとつには木材生産を主体とした森林経営という、これまでのパラダイムのもとにつくられた制度的枠組みをそのままに、エコシステムマネジメントを進めるという作業に伴う必然的な問題である。もうひとつの問題は合衆国に特有ともいえる森林問題をめぐる世論の両極化と政治化である。一方で、下からの地域資源管理をつくろうとする運動が始まり、多様な価値観と専門性、そして開かれた態度をもつ森林局若手職員が育ってきていることは、今後の改革を展望するうえで大きな財産といえる。日本の国有林改革や環境保全政策を考える場合、第1の問題について合衆国の経験を十分に学ぶ必要があるとともに、資源管理組織内部と社会において改革を進め、支える力が形成されているかどうかが改革の成否を左右することを認識する必要がある。

第4章 エコシステムマネジメントの壮大な実験——北西部森林計画

　合衆国北西部におけるニシヨコジマフクロウ保護・原生林保護問題解決のために策定された北西部森林計画は、単なる紛争の解決策ではなく、森林局にとってのみならず連邦政府にとって初めてのエコシステムマネジメントの本格的導入であった。また、これまでこのような広大な面積と広範な生物相を対象とした資源管理計画が策定されたことがなく、その実施には大きな困難が予想された。また縦割り官僚制など既存の制度・組織が大きな障害となって立ち現れることも予想され、北西部森林計画はこれを乗り越えていかなければならないという点で、まさにエコシステムマネジメントの「壮大な実験」ということができる。

　国有林が中心となったエコシステムマネジメントの実験は、北西部森林計画を嚆矢として、北西部森林計画対象地域以東のコロンビア川上流域のほか、アパラチア山脈南部及びシエラネバダ山脈においても取り組まれつつあるが、アセスメント作業が終了した段階であり、アセスメント作業を基礎とした計画策定や資源管理はまだ本格化していない。

　そこで本章では北西部森林計画を対象とし、これまでの達成点と問題点について、計画策定過程・方針転換、組織改革・省庁間関係、地域政策、実行装置などの側面から明らかにするなかで、エコシステムマネジメントを実行するにあたって取り組むべき課題を明らかにしたい。なお市民参加に関する議論については次章に譲ることとする。

1. 北西部森林計画策定の経過

　ニシヨコジマフクロウ保護・原生林保護をめぐる紛争にとりあえずの決着をつけたのは、1993年1月に発足したクリントン政権であった。クリントン大統領は政権発足後100日以内にこの問題を解決するためのワーキンググループを設置するという公約を掲げており、1993年4月にはオレゴン州ポートランドに多様な利害関係者、市民、専門家などを集め、自ら議長をつとめて「森林会議」（Forest Conference）を開催し、広範な議論を行った。

　そして、クリントンはこの会議の場で、科学者・専門家によるチームを結成し、ニシヨコジマフクロウ生息地内の連邦有地――すなわち国有林・国有資源地・国立公園――のエコシステムマネジメントをめざした提言を60日以内に行うよう指示した。

　大統領の指示に基づいて組織されたチームは、森林エコシステムマネジメントアセスメントチーム（FEMAT）と称され、連邦政府、大学などに勤める様々な分野の研究者・専門家などがコアメンバーだけで約100名、協力者も含めれば600名以上が関与して、短期決戦でレポートを作成した。このレポートは1000ページを超える大部のもので、自然科学から社会科学まで最先端の手法を用いて、陸域生態系から水圏生態系までの総合的な評価を行うという画期的なものであり、この評価に基づいて10の計画案を提示した。[48]

　さらに、このレポートで提示された計画案について環境アセスメント作業を行い、第9代替案を最善の案として提示し、これに対して寄せられた10万件にも及ぶ意見書を検討のうえ、最終的には第9代替案に若干の変更を加えて1994年4月に決定し、これがいわゆる北西部森林計画となったのである。

　北西部森林計画は、ニシヨコジマフクロウの生息域の連邦有地約990万ヘクタールを対象としており、「ニシヨコジマフクロウ生息域内において森林局及び土地管理局の既存の計画を変更する決定」と、「原生林に依存する種の生息地管理の基準とガイドライン」の2つの文書からなっている。[49] 既存の国有林及び国有資源地の計画は、原生林を生息地に依存する種の保護に対して「基準とガイドライン」よりも厳しい規制を求めている場合にのみ新しい計画に優越するとされ、計画対象地域に含まれる19の国有林及び7の土地管理局管理区の既存の計画を、包

写真4-1　ダーリントン森林区で行われた間伐作業。野生生物の生息地として適した枯損木などが残され、生態系に配慮されたものとなっている。

括的に森林生態系保護にむけて大きく転換させたのである。なお連邦有地のなかでも国立公園・野生生物保護区及び国防省管轄地に関しては計画変更の対象には含まれていない。また、ニシヨコジマフクロウ生息地に含まれる民有地にも影響が及ぶものではない。

2.　北西部森林計画で何が達成されたのか

2.1.　連邦有地管理方針の大きな転換

　まず第1に指摘できるのはニシヨコジマフクロウ・原生林保護問題で、生態系保護の重要性を認識できず小手先の対応を繰り返していた国有林の経営方針をトップダウン方式で一気に転換したということである。

　北西部森林計画は表4-1に示したように、計画対象地を大きく7つにゾーニングした。広大な後期遷移保護林（Late-Successional reserves）や河畔保護域を

表4-1　北西部森林計画のゾーニング

区　分	面積（万ヘクタール）	％
法律による保護区	296.2	30
計画による保護区	59.8	6
後期遷移保護林	300.7	30
後期遷移管理林	4.1	1
河畔保護域	106.4	11
適応管理地域	61.6	6
マトリックス	160.9	16
合　計	989.7	100

法律による保護区：国立公園、国立野生生物保護区、ウィルダネス地区、野生・景観河川地区など法律に基づいて議会が指定して保護されている地域。
計画による保護区：木材生産を一般的に禁じた地域。既存の国有林・国有資源地の計画によって指定されたもの。
後期遷移保護林：後期遷移林・原生林を改良・保護する地域で、保育のための限られた伐採のみ許可される。新森林計画で新たにつくり出されたゾーニングのうち最大の面積をもち、既存の計画での木材生産対象とされていた森林に大きく保護の網をかぶせた。
後期遷移管理林：東部に位置し、乾燥のため火災が多発する後期遷移林に対して指定され、後期遷移保護林とほぼ同じ位置づけであるが、火災のコントロールに関わる行為が許される。
河畔保護域：国有林と国有資源地を流れるすべての河川・湖沼の沿岸に設定する保護地区で、保護区の幅は河川の大きさ、魚類生息の有無、斜面傾斜などによって決定される。水を中心とする生態系と陸域生態系を統一的に保全する計画の特徴が現れている。
適応管理地域：第2章で述べたように、エコシステムマネジメント実行にあたっての重要な概念として適応型管理があるが、これを「実験」するために計画区域内に10カ所の適応管理地を設置した。新森林計画は適応管理地域に関しては細かい基準を示さず、各地域の自主性・創意に委ねることとした。
マトリックス：上記のいずれの範疇にも含まれない地域をマトリックスと区分し、木材生産などの利用ができることとした。

新たに設定することによって、原生林および原生的森林、河畔林に広大な保護の網をかけ、木材生産が可能な森林は全体の16％に抑え、許容伐採量も283万m^3として1980年代の同地域の平均伐採量1061万m^3の約4分の1にまで低下させたのである。

　また、水を中心とした生態系と陸を中心とした生態系を統一的に保全しようということから、流域を単位とした資源管理を新たに提示した。計画対象地域のうち、生息数の減少が懸念されるサケなどの魚類の保全のために管理されるべき流域、または優れた水質の保持が重要な流域を「主要流域」（Key Watershed）に指定し、陸域・河畔・河川を総合して流域生態系の特徴と管理上の注意点を明らかにするための「流域分析」を行うことを義務づけ、この流域において木材生産

表4-2　流域分析の推移

年度	分析が完了した流域数	面積（ヘクタール）
1995	37	710,081
1996	57	1,433,600
1997	79	1,887,200
1998	98	2,877,600

資料：1998 Northwest Forest Plan Accomplish Report

表4-3　1998年度の生態系修復事業実行量

	河畔林修復（ヘクタール）	魚類生息渓流修復（km）	一般森林修復（ヘクタール）	林道廃止（km）	廃止林道緑化（ヘクタール）
カリフォルニア	9.2	267.2	834.8	40.0	14.0
オレゴン	1287.6	120.0	86.4	105.6	58.4
ワシントン	246.8	107.2	499.2	144.0	100.4
合　計	1543.6	494.4	1420.4	289.6	172.8

資料：1998 Northwest Forest Plan Accomplish Report

や何らかの管理行為を行う場合は、この流域分析に従わなければならないとしたのである。主要流域として合計164流域、全計画面積の約3分の1にあたる370万ヘクタールが指定されており、この地域に関しては流域の総合的保全という観点が貫かれることとなった。また、計画のなかでは主要流域以外の流域に対しても流域分析を実行することが推奨されており、流域保全的視点が連邦有地管理の中心に据えられている。

　流域に関しては、魚類の生息や水質保全上問題とされる箇所を修復する事業も行うこととされ、規制的手法により生態系保全を図るという従来の手法に加えて、積極的に生態系の回復・改善を図る施業・工事を行う方向性を本格的に採用した。

　1998年までの流域分析の実績は表4-2に示したように、計画量のほぼ75％が終了しているほか、生態系修復事業も表4-3にみるように着実に進められている。

　従来の木材生産を中心とした経営理念を転換させることができず、論争の渦中に陥って身動きがとれなくなっていた森林局に対して、大統領が主導する形で生態系保全へと大胆に舵をきる新たな森林計画を策定したのであり、エコシステム

マネジメントへの転換を決定的なものとし、全国的に展開する嚆矢となった点で極めて大きな意義をもつといえる。

2.2. 省庁間協力関係の飛躍的改善

　第2に指摘できるのは省庁間の協力関係が飛躍的に発展したことである。北西部森林計画は連邦有地における生態系の総合的保全・回復をめざしたものであるため、連邦有地管理者である森林局・土地管理局や生態系保全に関わる規制省庁である環境保護庁・魚類野生生物局などが相互に協力することなしにはその実行は不可能であった。このために、FEMATの作業とほぼ同時期に、関係する連邦省庁の間で縦割り官僚制の間の調整を行い協力関係を構築させるための議論が開始され、1993年10月にはこれらの省庁間で覚え書きが交わされ、図4-1のような組織を設置することとした。

　まず計画全体を掌握するために、関係省庁の長官クラスからなる省庁間運営委員会を設置し、さらに計画の円滑な実行を行うために、各省庁の地域レベルの責任者によって省庁間地域責任者委員会を設置した。

　地域レベルの委員会のもとには事務局機能を果たす地域エコシステム事務局があって、実質的な省庁間調整や、計画実行のための統一指針の策定などをほぼ一手に引き受けている。地域エコシステム事務局は、計画に関連する各連邦省庁がスタッフと財政を出し合って設置されており、これらスタッフが所属していた省庁との連絡を取りつつ全体での調整作業に関わっている。

　また、計画実行に関わる専門的知識の提供を行う組織として各連邦機関に所属する研究者・専門家による研究・モニタリング委員会が設置されており、地域エコシステム事務局を通して地域レベルの委員会に提言を行うこととした。また、計画対象地域を生物的・地理的共通性によって12の地区（プロバンス）に区分して計画の実行単位としたが、自然的な特徴によって境界が定められたため、国有林・国有資源地・国立公園など様々な省庁の管轄下にある土地がひとつのプロバンスに含まれていることが一般的であり、また同じ国有林でも複数の国有林管理署がひとつのプロバンスに含まれていたり、ひとつの国有林管理署が2つのプロバンスに属するといったことも生じた。このため、それぞれの地区ごとに、関係

図4-1　省庁間連携組織の構造

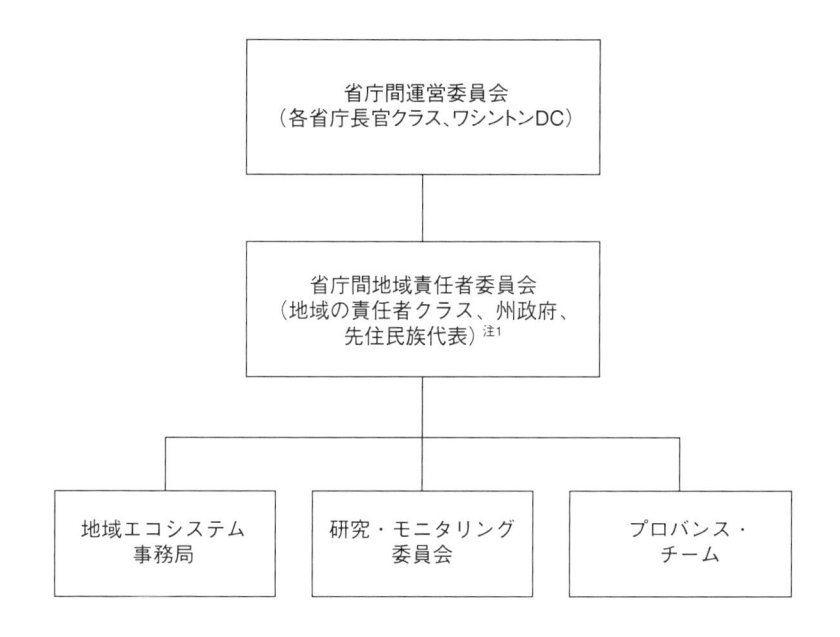

```
┌─────────────────────┐
│   省庁間運営委員会      │
│ (各省庁長官クラス、     │
│    ワシントンDC)       │
└──────────┬──────────┘
           │
┌──────────┴──────────┐
│  省庁間地域責任者委員会  │
│ (地域の責任者クラス、州政府、│
│   先住民族代表) 注1      │
└──────────┬──────────┘
    ┌──────┼──────┐
┌───┴──┐ ┌─┴──┐ ┌─┴────┐
│地域エコ │ │研究・│ │プロバンス│
│システム │ │モニタ│ │・チーム │
│事務局  │ │リング│ │       │
│       │ │委員会│ │       │
└──────┘ └────┘ └──────┘
```

注1：連邦政府機関としては森林局、土地管理局のほかに、環境保護庁、魚類野生生物局、海洋生物局、インディアン局、国立公園、農務省土壌保全局のそれぞれ地域組織代表、さらにワシントン・オレゴン・カリフォルニアの各州政府代表、3つの先住民組織代表

する土地管理官庁や専門官庁の現場レベルの責任者やスタッフによって構成するプロバンス・チームを設けて、計画を実行するための作業を行うこととした。

　以上のように連邦政府中央レベルから現場レベルまで、省庁間の連携を図る組織がつくられ、計画の実行をめぐって具体的な議論が蓄積されてきていることは極めて重要である。縦割り行政システムを超えてこのような組織が実質的に機能することは、一般的には極めて困難であるが、北西部森林計画の実行が省庁間協力なしには不可能であることが、協力関係の構築を促進させているといえる。こうしたなかで、例えば国有林と土地管理局の異なるデータ収集・分析システムを統一させたり、境界を接する土地管理官庁の間で協力して計画実行にあたる、あるいは国有林の野生生物保護プログラムに対して魚類野生生物局の専門家が助言を行うなど、様々なレベルで縦割り組織を超えた協力が日常化しつつある。

2.3. 組織改革の促進

　前章で述べてきたように、森林局では雇用者の専門分野の多様化が1970年代から進んでおり、全専門職員数に対する森林官の比率は1980年代後半には半数を割った。しかし、木材生産中心の経営をなかなか脱却できず、森林官以外の専門職は森林局内部では亜流の存在という状況が続いていた。生態系保護を主張する野生生物専門官などが、職場において村八分にされるといった事例は次第に少なくなってきていたとはいえ、森林官以外の専門職の役割は伐採計画などのチェック機能にとどまることが一般的であった。

　これに対して北西部森林計画は生態系保全・回復を基本に据え、この基本を達成できる限りにおいて木材生産を行うこととし、これまでの木材生産を中心とした計画のあり方を大きく転換した。このような北西部森林計画の実行は、野生生物専門官など生態系保全に関わる職員なくしては不可能であり、組織内の専門職間の力関係を大きく変えることとなったのである。野生生物専門官などが森林官と対等の立場で議論に参加し、彼らの意見が計画やその実行に反映され、さらには彼らが主体となって行う事業もますます増加してきている。例えば北西部森林計画対象地域内の、ある森林区の女性野生生物専門官は次のように語っている。

　「1980年代の後半にニシヨコジマフクロウ保護が大きな問題になるまでは、いくら努力しても組織内でその仕事は重視されず、野生生物専門官としての任務を遂行することに大きな困難を感じていた。しかし、ニシヨコジマフクロウ保護の紛争が生じ、北西部森林計画が実行に移されるなかで、表舞台に出ることができるようになり、組織内でも存在が重視され、主張が認められるようになってきた。ニシヨコジマフクロウ保護を主張し、森林計画策定の大きな原動力となったのは市民の運動であり、市民のおかげでわれわれが組織内で発言権をもてるようになってきた」[50]

　ここに現れているのは、かつて亜流であった森林官以外の専門官が積極的に意思決定に関わるようになって、国有林の森林官を中心とした組織文化が大きく転換してきていることであり、これが市民の運動によって支えられてきたことである。前章において国有林の内部改革の動きを述べたが、北西部森林計画をめぐる一連の過程は、この動きを定着化させ、実質化させる点で大きな意義をもってい

たといえる。

2.4. 本格的な地域政策の開始

　北西部森林計画以前の国有林管理は商品生産を主体としており、継続的に最大限の木材を供給することによって地元経済を安定的に維持することが国有林の地元経済への貢献であった。また第2章で述べたように連邦森林局が行う民有林政策は限られたものであり、森林が存在する地域に対する地域林業・林産業の振興などを目的とした地域対策をほとんどもっていなかったのである。

　これに対して北西部森林計画は大幅に伐採量を削減しようとしており、林業・林産業関連労働者の失業や、山村経済の悪化が強く懸念された。既にニシヨコジマフクロウ紛争をめぐる司法判断の影響で、計画策定直前の北西部国有林の年平均伐採量は1980年代平均の約半分に落ち込んだため、雇用や地域経済への影響が現れてきており、国有林に依存する山村・林産業界・労働者の不満は極限まで高まっていた。このため、北西部森林計画の社会的な受容性を確保し、地域社会の安定と経済活力を維持するために、包括的な地域支援政策を行うこととしたのである。

　この政策は経済調整イニシアティブ（Economic Adjustment Initiative;以下EAI）と呼ばれ、北西部森林計画の直接の当事者である森林局・土地管理局はもちろんのこと、農務省地域開発局、住宅・都市開発庁、中小企業庁、労働省、商務省、環境保護庁、魚類野生生物局といった多様な官庁が既存の事業を拡張したり新たな事業を創設するなどして、年間総計で2億ドル近い連邦資金を投じることとした[51]。これまで弱体であった森林局の地域政策機能も財政・スタッフ両面で強化され、各国有林に地域政策担当スタッフが置かれるようになるなど、地域対策に取り組むシステムが本格的に確立したのである。

　また、こうした地域政策を総合的かつ効率的に実行するために図4-2のような組織がつくられ、先にみた北西部森林計画の実行組織と同様な省庁間連携を形成しようとしており、各州ごとの経済再活性化チームが注目すべき活動を行っている。例えばワシントン州地域経済再活性化チーム（Washington Community Econoimc Revitalization Team；以下WACERT）は、知事室に事務局を置き、伐採

図4-2　地域政策実行のための連携組織の構造

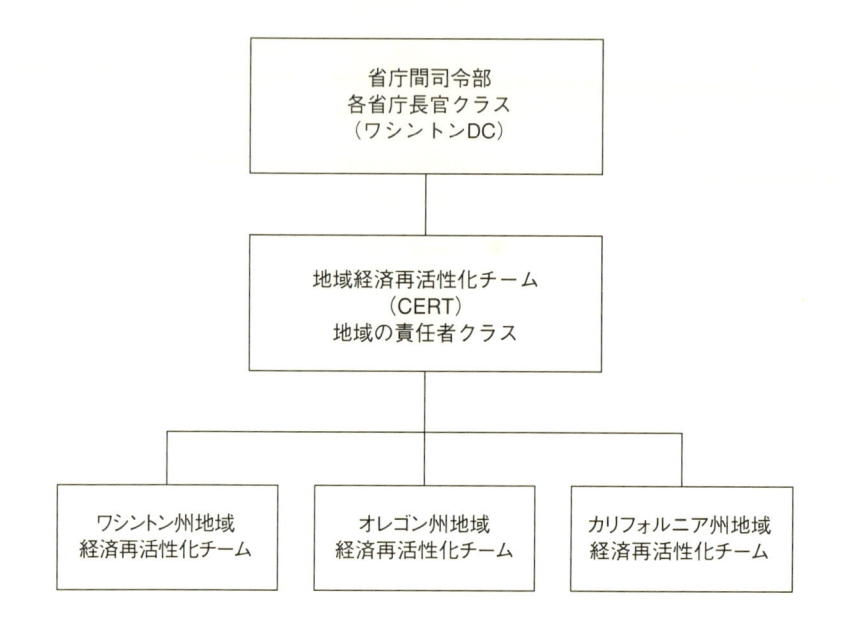

```
          ┌─────────────────────┐
          │    省庁間司令部      │
          │  各省庁長官クラス    │
          │   （ワシントンDC）   │
          └──────────┬──────────┘
                     │
          ┌──────────┴──────────┐
          │ 地域経済再活性化チーム│
          │      （CERT）        │
          │  地域の責任者クラス  │
          └──────────┬──────────┘
                     │
      ┌──────────────┼──────────────┐
      │              │              │
┌───────────┐ ┌───────────┐ ┌───────────┐
│ワシントン州│ │ オレゴン州 │ │カリフォルニア│
│  地域経済  │ │  地域経済  │ │州地域経済  │
│再活性化チーム│ │再活性化チーム│ │再活性化チーム│
└───────────┘ └───────────┘ └───────────┘
```

量減少の影響を受ける21のカウンティーを守備範囲としているが、*その第1の特徴は上記のEAIに限らず、連邦・州政府が提供する地域活性化のための補助金・融資のほとんどを一元的に扱っていることである。すなわち地域活性化資金をWACERTが一元的に各地域に配分することによって、各地域への資金配分のバランスをとり、限りのある事業・予算を各地域の特徴に応じて効果的に分配することができるとともに、関連する複数の補助金・融資を組み合わせてより有効な活性化事業を行えるようにしているのである。第2の特徴は各カウンティーごとに優先順位をつけて事業計画を提出してもらい、**WACERTがこれを調整していることである。活性化事業の主体は、カウンティー・市町村・地域開発に関わる第3セクターのほか、木材積み出しを行っている港湾管理組合などであるが、各カウンティーごとに調整を行って優先順位をつけ、事業選択にあたって地域の事

---

*　──ワシントン州においてはサケ漁獲量減少による地域経済への打撃も大きいため、この問題もあわせてWACERTで取り組まれている。なお、カウンティーとは州の下に位置する自治体。
**──先住民部族については別枠で資金が配分される。

写真4-2　EAIで山村に導入された林業労働者の再訓練センター(上)と、機械設備(下)。国有林では原生林が伐採できなくなり、間伐など細かい作業が要求されるようになってきた。こうした作業に対応できるよう、林業労働者の再訓練を行っている。

情を反映させようとしているのである。また、WACERTのメンバーが各事業に張りついて、計画をより詳細に検討し、内容を現実的なものとするとともに、どの補助金・融資を獲得するのがよいのかなど様々なアドバイスを提供している。

　以上のようにEAIは地域政策の内容を豊富化するとともに、これを総合的かつ効率的に、地域主体で進めるための枠組みを形成し、連邦政府・州政府・自治体、さらには地域政策に関わる多様な省庁の協力関係を形成し、事業実行の効率化・合理化を進めた点で画期的であるということができる。

　ただし、EAIは時限的な措置であり、*また金額も年間総計2億ドル、そのうち融資が約4割強を占めるなど日本の山村対策と比べるとかなり見劣りがする。EAIの目標からもうかがえるように、連邦政策の急転換による地域経済への影響を一刻も早く克服して自立的な歩みを始めることが基本に据えられているのであり、自助努力を基本とする合衆国の方針のうえでの政策展開であることに気をつける必要がある。

2.5.　新しい資源管理の手法を実行するための装置

　2.2及び2.4では北西部森林計画を走らせるための基幹的な組織について述べたが、ここで改めてエコシステムマネジメントという考え方を実行に移すための現場レベルでのしくみについて述べてみたい。

　前述のように計画実行の基礎単位としてプロバンスを設定したが、各プロバンスに対してプロバンス顧問委員会（Provincial Advisory Committee；以下PAC）と呼ばれる、連邦・州・地方・先住民族政府代表と公募によって選出された市民代表から構成される委員会を設置し、計画実行の中心的な役割を果たすこととした。人為的な境界ではなく生態的特徴によって区分された地域において、市民や様々なレベル・分野の政府代表が対等の地位で円卓を囲んで、その管理の方向性について議論を行うというしくみを設けたことは、人為的境界を乗り越えて多様な利害関係者が協力関係を構築して保全にあたる基礎を構築したという点で大きな意義をもつ。

---

*　──当初40カ月で計画されたが、その後延長措置が取られ、本稿執筆時（2000年3月）も継続している。

また、エコシステムマネジメントの実行の基本手法として適応型管理が重視されているが、この手法について十分な経験が蓄積されていないことから、適応型管理を実践するための試験地を計画対象地域内に10カ所、合計61万ヘクタール設定した。適応型管理試験地は、自然資源の経済的及び生態的価値を統一的に実現する革新的な資源管理手法を開発・適用するとともに、持続的な社会のあり方を模索することを主要な目標としており、各地域ごとに自主的かつ革新的な取り組みを行うこととしている。スタートから約6年が経過し、各地域で独自の取り組みがようやく本格化しつつあり、研究やモニタリングのプロジェクト数は300を超えるに至っている。

3. 北西部森林計画の問題点

前節で述べたように、北西部森林計画は連邦有林の管理方針の転換・地域対策の展開などにおいて画期的な意味をもつものであったが、計画自体にも、また実行過程についても様々な問題が生じている。本節では北西部森林計画の問題点について検討することを通して、エコシステムマネジメントを導入するために乗り越えなければならない障害を明らかにしたい。

3.1. 計画策定過程に関わる問題点

北西部森林計画策定過程における問題点は、原生林保護をめぐる社会の対立関係を解決できなかったばかりか、山村部を中心とした連邦政府に対する不信感を高めてしまったことである。

クリントン大統領が主催した森林会議は、利害関係者が公開の場で議論を交わして問題解決の方向を探ろうとするもので、決定的な対立関係にあった保護・開発両サイドの間に建設的な議論を展開させる出発点となる可能性をもったものであった。しかし、その後のFEMATによる計画立案作業は極めて短期の締め切りに追い立てられ、研究者を中心に完全な密室で行われた。さらに環境アセスメント過程でも、市民の意見をただ聞くだけという、これまでの市民参加の最大の欠点とされている手法を踏襲し、短期間のうちに最終決定を行った[52]。このため対立

関係にある関係者が直接議論を交わして解決策を模索するという作業なしに、木材生産に依存している山村住民には受け入れがたい「解決策」がトップダウンで提示されることとなったのである。

当時、紛争のなかで実質的にほとんど森林管理行為が行えない状況に陥っていたため、新たな方針を早急に示すことが求められており、しかもそれは生態系保全への転換を求めた司法判断に沿って、既存の方針を大きく転換したものでなければならなかった。こうした根本的な方針転換を下からの合意によって達成する時間的な余裕がなく、しかも紛争の渦中でそのような合意を達成することが極めて困難であることから、ここでは「強権的」な問題解決手法を使わざるをえなかったのである。

3.2. 制度に関わる問題

現在の資源管理をめぐる法制度や組織は、古い資源管理を前提として形成されており、エコシステムマネジメントという新たな考え方に基づく計画を導入するにあたって、大きな障害となる。北西部森林計画が実行に移されるなかで、どのような問題点が現れたのかについてみてみよう。

第1の障害は財政システムである。これまでの国有林の財政システムは木材生産を中心に形成されてきており、野生生物管理やレクリエーション事業等の一部もKV基金をはじめとする木材生産に関わる予算によって処理されてきた。しかし1980年代後半以降伐採量が急減し、一般会計予算が全般的にカットされるなかで、各国有林とも実質予算額は80年代後半以降ほぼ一貫して減少してきており、また伐採量の急減からKV基金も底をつきはじめている。北西部森林計画はモニタリングや生態系修復をはじめとして、これまでより精緻な資源管理を求めているが、その実行予算が逆に縮小しているという事態に直面しているのである。エコシステムマネジメントは適応型管理を原則に据えているが、その実行には体系的・継続的なモニタリングが不可欠であり、これが行われなければ北西部森林計画も単なる打ち上げ花火に終わってしまう。

第2の問題は官僚機構・規則を複雑化させたということである。確かに省庁間の協力関係は飛躍的に発達したが、既存の組織に全く手をつけなかったため、協

力を促進するための官僚組織を複雑化・肥大化させた。また、北西部森林計画実行のための統一的なガイドラインづくりや省庁間の規則の相違の調整など、規則はますます複雑化する傾向にあり、この膨大な作業に地域エコシステム事務局は忙殺されている。

　これとの関連で森林局組織の集権化が進んでいることも指摘できる。エコシステムマネジメントは、利害関係者の協力関係に基づいてきめ細かな管理を行うという点で、分権的・ボトムアップの体制を必要とする。ところが北西部森林計画はトップダウンで細かい規定が現場レベルに示されたため、現場レベルで策定する計画や実行する事業が規定に適合するかどうかについて上部機関に判断を仰ぐことが増大している。また森林管理が極めて微妙な政治問題となっていることから、判断を誤ると深刻な紛争の渦中に森林局が巻き込まれるおそれがあるため、現場レベルで判断を下すことを恐れ上部機関に指示を求めること、または上部機関が介入することがしばしば生じるといわれているのである。

　北西部森林計画は下からのデータ・分析の積み重ねを重視する実験的な性格をもつだけに、その実行には柔軟かつ分権的な組織体制が要求されている。しかし実際には組織の硬直化や複雑化が進んでいるのが現状なのである。

　ところでFEMATの設置は、国有林の管理運営に大きな影響を与えるもうひとつ別の問題を引き起こすこととなった。かつて合衆国においては審議会が政府に都合の良い方針を導き出すよう恣意的に運用されていたため、委員の公募・選出などをすべて公開で行うなど、手続き的な厳格性を確保することによって審議会の公正さを確保しようとした連邦審議会法を制定した。これに対してFEMATは連邦審議会法が要求する手続きを全く踏まないまま、連邦政府の方針を根本的に転換させるような方針を策定してしまったとして、FEMATは連邦審議会法違反であるという訴えが出され、これを認める司法判断が下されてしまったのである。

　森林局はこれまでも地元社会と共同で国有林管理にあたろうとして、非公式な作業グループや協議会のような組織を活用してきたが、上記の司法判断を厳格に適用するとこれらすべてが連邦審議会法違反とされるおそれが出てきてしまった。だからといって、これらの組織すべてを連邦審議会法が要求する厳密な手続きによって運営することは、現場組織にとって実務上ほとんど不可能であり、結局のところ森林局は訴訟を恐れて、地域と共同作業で森林管理を行おうとした試

みから一斉に手をひかざるをえなくなってしまったのである。確かに手続き的な公正さを確保することは重要であり、日本の審議会の状況をみている限り連邦審議会法がもつ先進性・積極性は疑う余地はない。しかし、森林局と地元社会が共同で森林保全にあたろうとした場合、森林局に一定の裁量権が与えられ、また柔軟な組織的対応が必要とされるのであり、この時連邦審議会法は大きな障害として立ち現れるのである。

3.3. 地域政策に関する問題

北西部森林計画では地域支援政策が本格的に展開されてきているが、この政策がエコシステムマネジメントの一環としてどれだけ機能しているかは問題とするところが多い。

第1の問題は地域政策と資源管理の有機的な連携が図られていない点である。図4-1に示した資源管理組織、図4-2に示した地域政策組織という2つの組織系統の調整は計画全体に関して「林業・経済発展事務局」(Office of Forestry and Economic Development) が行うのみであり、現場レベルでの両者の結びつきは全く確保されておらず、具体的な事業に関わる実質的な調整はほとんど行われていない。縦割り行政の克服も資源管理、地域政策それぞれの分野内では進展したが、両者をつなぐまでには至らず、経済社会問題と生態系保全の統一的解決は名目だけに終わっているのが現状であり、結局のところ地域政策は木材伐採急減の後始末という性格を抜け出していないといえる。

第2にあげなければならないのは、これらの対策は時限的対策でしかないという点である。EAIは一定期間の援助政策によって、地域経済が伐採量急減の影響から立ち直り、自立的な歩みを始めることを想定した政策になっている。しかし、小規模な山村にこれを要求することは無理があり、経済の行き詰まりや、失業に伴う家庭崩壊などの社会的荒廃から立ち直るにはほど遠い状況にある山村も多い。

以上の問題が生じた背景として、計画策定に関して社会科学部門が決定的に弱体であったことが指摘できる。北西部の原生林の生態系の研究や保護のための環境アセスメント作業は、1980年代から積極的に取り組まれていたが、その社会へ

の影響分析や必要とされる対策に関しては、FEMATの作業で初めて組織的に取り組まれることとなった。このため自然科学部門からは決定的に遅れ、分析が不足するなかで短時間のうちに対策の策定を行わざるをえず、十分な社会・経済政策を練り上げることができなかった。この背景には、合衆国における自然資源関連官庁において社会科学者がマイナーな存在であり、社会科学分野の分析が軽視され、自然科学と社会科学相互をつなぐ議論がほとんど行われてこなかったという問題がある。エコシステムマネジメントのもとでは、生態系保全を地域社会や経済のあり方と一体として考えなければならないという観点から、自然科学と社会科学の有機的連携が主張されていたにもかかわらず、それが単なる主張に終わり、実質的な連携にむけた努力が行われてこなかったのである。自然科学と社会科学、資源管理と地域政策の有機的連携は残された大きな課題である。

3.4. 実行の装置に関する問題

　実行装置に関する問題としてまず第1にあげなければならないのは、プロバンスレベルの計画実行の中心となるべきPACが機能不全に陥っていることである。PACは1カ所平均100万ヘクタール近い連邦有地に対して、極めて多様な内容をもつ北西部森林計画の実行に関する助言を行わなければならないが、最も頻繁に行われたPACでも月に1回程度であり、なおかつ委員の任期は2年にすぎない。このような状況では、少数の専門知識をもった委員を除いては、実質的な討議に参加することは不可能であり、連邦省庁間の協力という点でいくつかのPACが成果をあげたほかは、十分機能を発揮できない状況が続いている。

　第2に指摘できるのは適応型管理試験地に関わる問題である。これは実験的な試みであり、走りはじめの段階で判断を下すのは早すぎるが、少なくとも今のところ軌道に乗っているとはいいがたい現状にある。適応型管理の定義から考えれば明白なように、その実行には優れた研究者・資源管理者集団、主体的に参加する地域コミュニティー、さらに全体を引っ張るリーダーシップが不可欠であるが、少なくとも今のところこうした条件を形成できるだけの人的資源が形成できたところはほとんどない。

　以上の点については市民参加と密接に関わる問題なので次章で改めて検討する。

3.5. 計画をめぐる社会的・政治的環境の問題

　北西部森林計画の問題は、計画自体に内包されているものばかりではない。これまでも繰り返し述べてきたように、森林保全をめぐる紛争が深刻化し、森林局がその渦中に巻き込まれているという大きな社会的状況も計画実行に大きな影を投げかけている。

　第1にあげられるのは森林局は依然として、異議申し立て・訴訟におびえながら管理にあたらなければならないという点である。北西部森林計画が発効してから、司法判断により中止していた木材販売を再開したが、ほとんどの販売計画が環境保護団体からの異議申し立てにあっている。前述のように北西部森林計画は世論の両極化を解消したわけではなく、関係者間でその解釈に大きな相違を抱え続けているのであり、森林局が策定する新たな計画や行おうとする新たな事業は、異議申し立てや訴訟に脅かされ続けているのである。関係者の協力による安定的な資源管理は容易に実現できるような状況にはない。

　特に、北西部森林計画をはじめとするクリントンの環境シフト政策と環境保護運動の高揚が生み出した私有財産保護やワイズユースなど反環境保護・反連邦政府運動にどのように対処するのかは極めて大きな問題である[53]。

　より大きな枠組みの問題としては政治的な介入がある。森林や生態系保護が政治問題化し、議会の多数派を握る共和党議員の多くがエコシステムマネジメントに対して否定的見解をもっているという状況のもとで、北西部森林計画をはじめとするエコシステムマネジメント実践の動きは常に強い政治的圧力にさらされている。例えば、1995年には北西部森林計画に縛られないで伐採を行える抜け道を予算案に組み込んで成立させたり、その後も木材販売を増大させるための画策を続けている。1996・98年選挙でも大統領が民主党クリントン、上下両議院とも共和党が多数派を占めるというネジレ状態が続くことになったため、今後もエコシステムマネジメント実行の現場は、政治の介入という大きな不安定性を抱えながらその任にあたらざるをえないのである。

第5章　新しい市民参加を求めて
　　　　——エコシステムマネジメントのもとでの
　　　　　　新たな挑戦

　第2章で述べたように合衆国国有林は積極的に市民参加制度を導入し、市民の合意に基づく国有林管理をめざしてきた。しかしニシヨコジマフクロウ保護問題の帰結にみられるように、市民の意見を十分に経営に反映できないまま、紛争・不信のなかで国有林管理は各地で暗礁に乗り上げてしまった。

　こうした現実を反省して、森林局は1980年代後半から計画制度見直しの一環として市民参加の問題点についての総括を行いはじめ、そのうえに立って国有林管理において市民参加を新たに位置づけ直し、参加を実質化させるための努力を始めている。また、エコシステムマネジメントを基本方針として採用して、資源管理のあり方を大きく転換させようとしており、このなかで市民との関係も当然大きな改革の焦点となっている。[54]

　そこで、本章では以下の3点について検討をすることとしたい。第1に1980年代に国有林計画策定に際して行われた市民参加がなぜ有効に機能しなかったのかについて、手法や過程の側面と森林局が置かれていた政治的社会的な状況の両側面からみる。第2に森林局が導入しようとしているエコシステムマネジメントが市民参加に関して要求する新しい課題を明らかにする。第3に以上のような状況下において森林局はどのような新しい考え方と手法をもって市民参加の分野に乗り出そうとしているのかについて、事例をまじえつつ明らかにする。

1.　アメリカ合衆国国有林における市民参加の問題点

　アメリカ合衆国国有林は1976年に制定された国有林管理法のもとで、包括的な

市民参加制度を組み込んだが、その実行過程で様々な問題が表面化してきた。

　森林計画の策定にとりかかって約10年を経た1991年の段階で、123の国有林管理署のうち最終案までたどりついたものは114で、9の国有林管理署は最終案を策定できていなかった。また最終案を策定した国有林管理署にしても、異議申し立てや訴訟の問題をクリアできたのは半分強の65にすぎず、残りの森林計画は係争中であった。また、異議申し立ての件数を合計すると1000件をはるかに超えていた。[55] 国有林に新たな時代をもたらすはずであった国有林管理法のもとでの計画策定は、森林管理の方向をめぐる世論がますます両極化するなかで、問題を解決できなかったばかりか対立を激化させ、不満を抱く人々による訴訟を多発させ、森林局を身動きのとれない状態へと追い込んでしまったのである。

　こうした計画策定の失敗の原因すべてが市民参加の問題に帰されるわけではないが、森林局が生態系保護重視にむかう世論の大きな変化を見誤り、計画策定過程で市民から寄せられた意見や議論を計画のなかに反映できなかったことが大きな原因であることは間違いない。[56]

　第3章1.2. でも触れた計画策定見直し作業のなかで、計画策定過程に参加した市民へのアンケート調査が行われたが、市民からの意見が計画の変更に影響を与えたと考えている人は、わずか3％にすぎないことが明らかにされている。[57] 森林局をあげて取り組んだ十数年にも及ぶ市民参加の努力は、ほとんどの市民から否定的に評価されているのであり、基本的に失敗に終わってしまったといえる。以下、失敗の原因について、計画制度及びそれを取り巻く背景、参加の過程と手法、参加に対する職員の態度の3点に分けて検討することとする。

1.1. 計画制度とその背景に関する問題

中央集権的計画過程

　先にみた計画策定見直し過程で行われた市民へのアンケート結果として、市民の多くは、トップダウン形式で組み立てられている計画過程や、市民の意見を反映できるだけの裁量権が現場レベルの機関に与えられていないことが、市民参加を実質化するうえでの大きな障害となっていると考えていることが明らかにされた。実際に、国有林計画制度自体は分権的な性格をもちつつも、木材生産量の割

り当てなどがトップダウン式でおろされてくるなど上部機関の意向が強く働いてきたことが指摘されている。[58] また、各森林計画策定に際して地方森林局長は基本方針を設定し、計画案を検討して認定するという責務を負っており、この過程で上部機関の意向が強く反映される場合がある。

例えばジョージア大学講師のコフィンは、南西部のチャタフーチー・オコネー国有林における計画策定を分析した研究のなかで、上部機関からの木材生産目標の押しつけによって下からの計画策定の試みが挫折させられたことを明らかにしている。[59] この国有林ではIDチームが地元住民とともに計画の草案を完成させつつあったが、1980年に策定されたRPAアセスメントに基づく木材伐採量割り当てが地方森林局によって決定されたうえ、レーガン政権によって木材生産を優先させる形で計画策定規則が制定されたためにこの草案は廃棄させられ、上からの木材生産割り当てに従って新たな計画案を策定せざるをえなかったのである。こうした分析をもとにコフィンは、国有林管理法の成立を受けて試みられたボトムアップによる計画策定は、木材生産を重視するレーガン政権と森林局の官僚統制のなかで挫折させられたと結論づけている。

上からの統制は、1980年代に急速に活発化した森林保護運動、森林局内部からの木材生産偏重への異議申し立て、司法における森林局に対する厳しい判決などを受けて次第に弱まっていくが、森林計画体系におけるトップダウン的な性格は国有林管理署レベルの森林計画策定過程に大きな影響を与え続けた。このため、国有林管理署レベルでの裁量権が限定され、特に環境保護運動との間で問題となる木材生産については、上部機関からの目標の割り当てが計画の枠組みを規定していたのである。こうした状況のもとでは、市民の意見、特に上部から示される枠組みと相いれない意見を計画策定に反映することは極めて困難であった。その結果、計画策定過程に参加した市民・団体、特に木材生産量を減少させようとした環境保護運動は、一向に自分たちの意見が反映されないことに強い不満を感じ、これが積み重なることによって森林局に対して決定的な不信感を抱いていった。市民参加制度が市民の森林局への不信感を増幅させていくという、極めて皮肉な結果をもたらしてしまったのである。

森林局の木材生産優先体制

　第2の問題は、森林局組織が木材生産優先への強い志向をもっていたことである。国有林の経営は第二次大戦後の木材需要の急増とともに急速に木材生産に傾斜してゆき、多目的管理を標榜しつつも実際の経営は木材生産を偏重していた。[60]第2章で述べたように、森林局にかかる政治的圧力と森林局自体にかかっていた木材生産へのバイアスが、こうした木材生産優先の経営を結果させたのである。さらに付け加えれば、KV基金は野生生物生息域保全やレクリエーション施設整備にあてることができるため、慢性的な予算不足に悩む野生生物やレクリエーションなど木材生産以外の分野を担当する職員も、予算獲得のために、木材生産を増大する方向へ誘導されたといわれている。[61]

　このように組織全体として木材生産を優先している状況のもとでは、市民の意見、特に木材生産を減少させようとする方向の意見を正当に評価できず、森林局の意向に沿った形でしか市民の意見を受け入れられなかった。木材生産優先体制は、市民参加を形骸化させる大きな原因となったのである。

1.2.　市民参加の過程や手法に関わる問題

　第1に指摘できるのは、計画過程が複雑であり、外部の人間が過程全体を包括的に理解することが困難だということである。国家環境政策法や国有林管理法が制定されてから長期間が経過し、環境アセスメント制度や国有林計画制度に関する規定はますます精緻なものとなり、これを取り扱うマニュアルも膨大なものとなっている。複雑な現実に対応するための規定・マニュアルなどの頻繁な改定・膨張は計画過程を複雑なものとし、一般市民が関わることを困難とさせているのである。

　第2に指摘できるのは、市民の参加の機会が基本的にはスコーピングの段階と環境影響評価書案作成後に限られており、その他の段階については国有林管理署の内部作業として行われているということである（図2-4を参照）。すなわち市民参加は全体の過程のなかの一部に保障されているだけであり、それも国有林管理署が準備した案に対する意見の表明が基本となっているのである。こうした点で計画策定過程における制度上の市民参加は質・量ともに不十分であり、市民の声

を生かすような形態になっていないと批判されている。

　これに加えて計画策定過程の不透明さも指摘されている。市民から寄せられた意見の検討や計画案への反映はIDチームによる内部作業に委ねられており、この作業は市民に公開されていなかったため、市民にとってはどのような議論が行われているのかうかがい知ることのできないブラックボックスとして立ち現れていた。もちろん、最終環境影響評価書とあわせて市民から出されたすべての意見をどのように検討し、計画に反映したのか（あるいはできなかったのか）を記した報告書が出されるが、提出された意見が膨大にのぼることもあって、多くの場合簡単な記述にとどまっている。このため市民は提出した意見がどのように検討され計画に反映されたのか、複雑な利害対立をどのように処理したのかについて判断することができず、特に自らの意見に否定的な結果が示された場合、不信感を抱くこととなった。

　第4に、環境アセスメントは計画されている行為が、いかに環境に影響を与えるかを明らかにすることが主目的であるため、地域社会の現状や計画のもつ社会的・経済的影響についてはあまり検討されなかった。この分野について十分な分析が行われないため、地域社会と国有林の関係について「伐採量減少が地域社会に大きな打撃を与える」、あるいは「多少減少しても地域経済の多様化で十分対応可能である」など思いこみに基づく議論が行われやすく、それはともすれば感情的対立に進みがちであった。また、参加者の社会的・経済的なバックグラウンドに関する情報を収集・分析したり、国有林を取り巻く社会との関係で参加者の議論を理解するという姿勢に欠ける場合が多かったため、市民の意見の分析も平板になりがちで、効果的な参加を展開する戦略を立てることもできなかったのである。[62]

1.3. 職員の態度の問題

　第1に指摘されるべきは国有林職員の多くは、森林管理に関わる様々な分野の専門家であり、専門知識をもたない「素人」である市民の参加に強い抵抗感を示したことである。専門家であるわれわれが最良の知識をもっている（We know best）という自信が、市民の声を「雑音」と捉え、市民参加を軽視することに結

びついたのであり、市民との良好なコミュニケーションの成立を阻害した。

　第2に市民参加に関しては社会的・政治的な問題が顕在化するが、職員はこうした問題に足を踏み入れることに消極的であったことがあげられる。職員の多くは社会科学的なトレーニングを受けてこなかったことから、そもそもこうした問題を扱うことを躊躇しがちであった。また森林管理の方向性をめぐって利害対立が生じた場合、これを技術の問題として解決できる場合は多くはなく、政治的な決着——利害調整——を講じる必要が出てくるが、専門家・技術者としての自覚をもつ職員はこうした分野を「汚い」ものと考え、手を染めたがらなかったのである。[63]

　第3に、それにもかかわらず森林局は、一部の市民参加の専門家や市民と直接に対応する機会の多いレンジャー等を除いては、市民参加に関する教育や訓練などを行わなかったし、各現場での経験の共有化の機会もほとんど設けなかった。個々の職場で、個々の職員が不慣れな市民参加に孤軍奮闘せざるをえなかったのである。

　森林局は国有林計画策定にあたっての市民参加の手続きについて詳細に定めたし、職員向けの市民参加導入のための詳細なマニュアルも作成した。しかし適正な手続きを保障することやマニュアルを作成することは、市民参加を実質化することと同義ではない。市民参加は人間と人間との関係であり、単にマニュアルに解消できるものではなく、マニュアルどおりに進めれば成功するといった性格のものではないのである。しかし、多くの職員は市民参加の経験をもたず、有効な支援を得られなかったということもあって、マニュアルを機械的に適用して市民参加を進めざるをえなかった。そしてその結果として市民との信頼関係を築くことに失敗し、市民から「官僚的な市民参加」という不信をもたれることとなってしまったのである。

　以上みてきたように、森林局にかかっていた大きなバイアス、手法の拙劣さ、そして職員の対応のまずさが相まって市民参加を失敗させた。市民との良好な関係を構築するために市民参加を導入したものの、市民の期待に応えることができなかったため、逆に市民との関係を悪化させ、森林局への不信感を高めてしまったのである。市民参加制度を導入することは市民参加を保障することとイコールではないし、中身の伴わない市民参加は市民との関係をむしろ悪化させてしまう

のである。

2. エコシステムマネジメントと市民参加

　森林局は1992年にエコシステムマネジメントを導入したが、エコシステムマネジメントは市民参加に関してどのような新しい課題を付与するのであろうか。第1章で述べたエコシステムマネジメントの内容とこれまでの市民参加制度の枠組みを照らし合わせて、課題と考えられる点について、北西部森林計画で実際に生じている問題を事例としながら述べることとする。

2.1. 生態系のまとまりを扱う問題

　これまでの市民参加は国有林管理署や森林区などを単位として行われてきており、その点で明確な人為的な境界が設定されており、その範囲は行政単位と比較的よく合致していた。また利用を中心として目標数値をはっきりさせた計画作成を行っていたため、争点が比較的明確で問題が絞りやすかった。これに対して、エコシステムマネジメントは人為的な境界ではなく生態系のまとまりを管理の単位とすることを求めるため、これまで想定されてこなかったような広域の生態系を総合的に考えることと、これまで前提とされてきた行政的な境界を超えて管理を行うことが必要となった。またわかりやすい目標数値ではなく、望ましい生態系のあり方を目標として設定することとしたため、焦点が絞りにくく、議論を行うこともより困難となった。

　例えば北西部森林計画では、その生息に広大な原生林を必要とするニシヨコジマフクロウの保護を主要な目的としたため、990万ヘクタールという広大かつ多様な省庁の管轄に属した連邦有地を対象としており、野生生物から菌類まで含めた陸域生態系と河川を中心とした水圏生態系とを総合的に分析し、生態系保全・修復の方向性を打ち出そうとした。また、計画の実行単位であるプロバンスも既存の行政界とは異なった形で設定されている。

　こうした計画の策定とその実行に実質的に参加するには、市民は生態系の様々な分野に関する専門的知識、広域の課題と自分が関心をもつ地域的な、あるいは

写真5-1　西部ワシントンカスケード・プロバンス顧問委員会。

個別的な課題との関係性を把握する能力、計画全体の進行を的確に把握する能力など高い水準の専門性と能力を必要とされる。ところがこのような状況へ対応することは専門家にとっても困難であり、まして市民のなかでは極めて限られたものしか対応できない。このため、実際に市民参加が機能しないということがいろいろなところで生じている。例えばプロバンス顧問委員会をみると、最も頻繁に開かれているところでも月に1回程度ということもあって、膨大な課題や計画、進行する事業を前にして、これらを理解することにほとんどの時間が費やされ、実質的な議論ができる時間がとれないところが多いのが現状である。また、市民代表の多くは他の専門家と対等に議論できず、自身が所属する利害分野の主張を繰り返すだけというケースもみられた。

　ここでは、長期的な視点から、市民のエンパワメントが行われる必要が指摘できる。市民に対して行政や専門家ができるだけわかりやすい説明を行い、情報へのアクセスを保障し、市民が学習できる機会を積極的に提供するなどの活動を展開するとともに、市民の側もこれらの機会や、参加過程を積極的に活用して、よ

り高度の参加を達成するための戦略をもつことを必要としている。これを逆にいえば、行政や専門家の側も市民と共同で資源管理に取り組む能力の向上を求められていることを意味する。また、プロバンスに関わるすべての問題を顧問委員会が一手に引き受けるというしくみに、そもそも無理があるということが指摘できる。広域の生態系のまとまりに対して市民参加を実質化させるためには、問題のレベルごとにシステムを設計する必要がある。

　一方、エコシステムマネジメントの実行にあたっては、森林局など土地管理官庁から環境保護庁や魚類野生生物局など規制官庁まで多様な政府機関が関与し、またそれぞれの政府機関内でも複数の管理単位——例えば国有林管理署など——が関与する。ここではこれら機関・組織の協力が求められるわけであるが、それは単に政府組織内部での作業にはとどまらず、市民という参加者を前にした、あるいは市民とともに行う作業という性格をもつ。前章でエコシステムマネジメントの要件としての省庁間協力について述べたが、ただでさえ困難なこの仕事を市民参加のもとで行わなければならないのである。仕事のなすり付け合いと縄張り争いの結果としての政府内部での「調整」という手法は通用しないのであり、真摯な議論とそれをもとにした協力関係の構築が求められているのである。単なる省庁間協力ではなく、市民と各省庁が対等なパートナーとして円卓を囲むようなしくみが求められているといえよう。

2.2.　市民参加をより実質化させる問題

　先に述べたようにエコシステムマネジメントは資源管理と社会との関係を緊密に結ぶことを求めている。これまでのように森林局の内部の作業を主体として、これに対して市民が意見を寄せるというような形式化した参加では、このような緊密な関係の達成は不可能である。

　例えば北西部森林計画の策定過程は、前章でみたように利害対立が林産業者・山村住民と環境保護運動との間で両極化・政治問題化してしまったこと、また極めて短いタイムリミットのなかで作業を行わなければならなかったことから、関係者の合意を待つことなく、トップダウンで大胆な方針転換が行われた。そこでは前節でみたような「失敗」に終わった市民参加が形式的に行われたにすぎない。

しかし広大な連邦有林の管理のあり方を大幅に変更し、木材収穫を減少させることは社会、特に林産業や山村に対する影響が極めて大きく、十分な議論なしに強行することはエコシステムマネジメントの原則に反するだけでなく、対立や相互不信を増幅しかねない。この北西部森林計画策定過程をめぐっても、山村部を中心とした地域の連邦政府に対する不信感を高め、草の根の反環境保護運動を活性化させる大きな契機となり、世論の両極化をむしろ進めてしまったのである。

また、前項でも触れたようにプロバンス顧問委員会の議論も情報を整理・理解するだけで精一杯であり、議論に基づいた助言を行うという本来の目的を全く果たすことができない状況が続いている。円卓を囲んで様々な利害関係者が対等な立場で議論するという意図は良かったが、これをどう実質化するのかの議論が欠如していたのであり、委員会のメンバーが問題意識を共有するという最初のところでつまずいた状況になっている。市民参加の失敗のところで議論したように、どんなにすばらしいシステムをつくっても、それが実質的に機能するような制度的な保障や、職員によるサポート体制ができない限りは、画餅に終わってしまう。プロバンス顧問委員会のような議論の場は、単に円卓に人を集めてくるだけでは有効に機能しえないのである。

ここでの課題は、国有林職員が単に市民の意見を聞くという段階を脱却して、国有林と市民との間に実質的な市民参加の関係を形成させつつ、さらに多様な行政機関・市民が対等の立場で議論し相互理解を深め決定過程を共有するようなしくみをつくり上げていくということである。そしてこうした場において国有林職員が多様な利害関係者の一人という立場を守り、議論を積み重ね、望ましい社会と自然資源のあり方に関する方向性・政策をともにつくり上げていくことが求められている。[64]

2.3. 柔軟な管理体制への対応

エコシステムマネジメントの実行にあたっては適応型管理という手法の採用が欠かせないが、適応型管理を導入することは市民参加にどのような課題を課すのであろうか。適応型管理は常に計画策定・実行・モニタリング・評価というサイクルを繰り返す実験的な性格をもつものであり（図1-2）、そこでは柔軟かつ日

常的な市民参加と、研究者・管理者・市民の間の緊密かつ継続的な情報交換・相互教育が必要とされている。このため、まず第1にモニタリングの結果や新たな研究成果を市民と共有するとともに、さらにこの検討に基づいて必要とされる方針の軌道修正や新しい計画・事業の開始に関わる市民参加の道を常に開いておくことが必要とされる。[65] 市民参加は特別な機会を設けて行うものというよりは、日常的に行われなければならないことなのである。

第2にモニタリングに関しては、管理者や研究者のみで広い面積の生態系をすべてカバーすることは不可能であり、またエコシステムマネジメントは生態系の修復などきめ細かい作業を要求するが、これをすべて資源管理者が行うことは困難である。そこでは単に意見を述べる参加から、地域住民・利用者がモニタリングや情報の提供、実際に管理に関わる参加が期待される。そして地域住民がこのような参加を行う動機は、「国有林のため」ではありえず、地域の共有財産としての国有林を共同で管理するということにほかならないであろう。

以上2点をあわせると、エコシステムマネジメントのもとでの参加は、むしろ共同作業と呼ぶことがふさわしい概念であるといえよう。森林局の行う計画・事業に市民をまきこむのではなく、市民と国有林職員が共同で市民の共有財産である国有林管理を形成していくことが必要とされているのである。

3. 市民参加の新しい展開

現在森林局では新しい計画制度や市民参加の手法を導入しようとしているほか、エコシステムマネジメントの導入にむけた新たな取り組みも芽生えはじめている。ここでは森林局の新しい取り組みと、地域を主体としたエコシステムマネジメント——新しい地域資源管理の試みについて述べることとする。

3.1. 組織内部での改革への努力

国有林計画策定規則の改正をめぐって

第3章で述べたように、森林局は科学者委員会の提言をもとに計画規則の改正作業を行っている。ここでは市民参加に絞って提言と規則案の内容をみてみよう。

まず、提言が市民参加に関して提案していることは以下の5点である。

①広範かつ双方向的な市民参加を進める；計画過程の最初から最後まで、誰でも参加できるように設定されなければならない。また評価・課題の設定・実行・モニタリングという計画のサイクルそれぞれに参加が必要である。

②公的な顧問委員会を活用する；エコシステムマネジメントを行うには深い知識を基礎とした真摯な議論が必要とされる。このような参加を実現するためには様々な利害を代表する人々による顧問委員会の活用を考えるべきである。

③地域社会の人材を基礎にする；国有林を支えるのは地域社会であり、これら社会がもつ人的な力の可能性をきちんと認識する必要がある。

④計画過程とその内容をわかりやすいものとする。

⑤森林局に対する市民の信頼を回復し、維持する；計画策定は森林局が市民と関わる主要な機会であり、信頼関係を構築する良い機会である。市民の信頼関係がない限り計画過程は有効に機能しないのであるから、信頼を獲得できるよう最大限の努力を払うべきである。

この提言に基づいて策定された規則案は、共同関係の構築に重点を置いていることが特徴となっている。規則案のなかには新しいセクションとして「持続性にむけた共同（Collaboration for Sustainability）」を置き、市民・他の連邦官庁・地方政府・先住民に対して情報を提供し、頻繁な参加の機会を提供し、共同で管理目標を設定し計画を策定することを規定している。このなかで森林局担当者の役割を、リーダー・調整役、あるいは一人の参加者であるとして、計画を他の参加者との共同で行うことを繰り返し強調し、森林局が主体となった計画編成のしくみを大きく転換させようとしている。一方、このような市民参加が機能するように、市民参加の内容に関する裁量権を担当者に完全に与えるとともに、森林計画の決定権を地方森林局長から国有林管理署長におろすなどして分権制を保障しようとしている。また、顧問委員会は幅広い利害関係者が効率的かつ集中的に議論ができる場として重要であるとし、必要に応じてこれを設置することを推奨している。このほか、適応型管理を実行するために「モニタリングとその評価」に関する規定を置いているが、このなかでも市民参加の機会を保障することを義務づけている。

このように新しい規則案は、エコシステムマネジメントにおいて必要とされた

共同を実現するために、計画策定過程を大きく転換させようとしている。ただし提言で述べられたような双方向のコミュニケーションの構築や、地域の人材の重視、計画内容をわかりやすくする、さらには信頼関係を回復するという課題は、十分な裁量権が与えられた現場の人々がどれだけこれに真剣に、そして有効な手法をもって取り組むかにかかっている。

市民参加の実質化への試み

　前述のように1990年代のはじめには森林局はこれまでの市民参加のあり方の問題点を認識し、今後の市民参加のあり方に関する指針を打ち出しはじめた。1993年には森林局内に設けられた作業グループが「市民参加を強化する」[66]というレポートを出してこれからの市民参加の推薦モデルを提示しているほか、北西部森林計画実行にあたって市民参加を進めるために「より良い決定をつくる」[67]という職員向けのガイダンスを出し、現場での市民参加の改革を進めようとした。

　これらレポートはいずれも、双方向のコミュニケーション、市民が参加しやすいように支援をする、決定過程を市民と共有するといったことを提案している。形式的な市民参加を実質的なものとし、エコシステムマネジメントにおいて要求されている共同・協力関係の構築をめざしているのであり、森林局内でも市民参加をどう進めるのかに関する合意が形成されてきていることがうかがわれる。

　また、こうした方向性を実行する試みも各地で行われるようになっている。

　例えば多くの国有林管理署では、現在行われている、あるいは行われようとしているすべての計画や事業についての情報をまとめたニューズレターを定期的に発行するようになってきた。市民が国有林全体の状況を把握できるとともに、今後予定されている計画や事業に対していち早く参加する準備に取りかかれることを可能とさせようとしているのである。

　また、市民参加の方法についても、従来は公聴会など形式的なやり方が主であったが、ワークショップやオープンハウス、* 現地検討会など、国有林の職員と市

---

*——土曜・日曜や平日の夜など一般の人々が参加できる時間に行われる事務所公開ともいうべきものである。その時々において取り組んでいる計画・事業や国有林の状態などについて展示物を作成し、担当の職員が張りついて、訪れてくる市民に説明を行い、また市民が疑問に思っていることや意見をぶつけてくる。そして、様々な関心をもつ市民と様々な分野の専門職員がまじりあった議論の輪があちらこちらにできあがっていくのである。

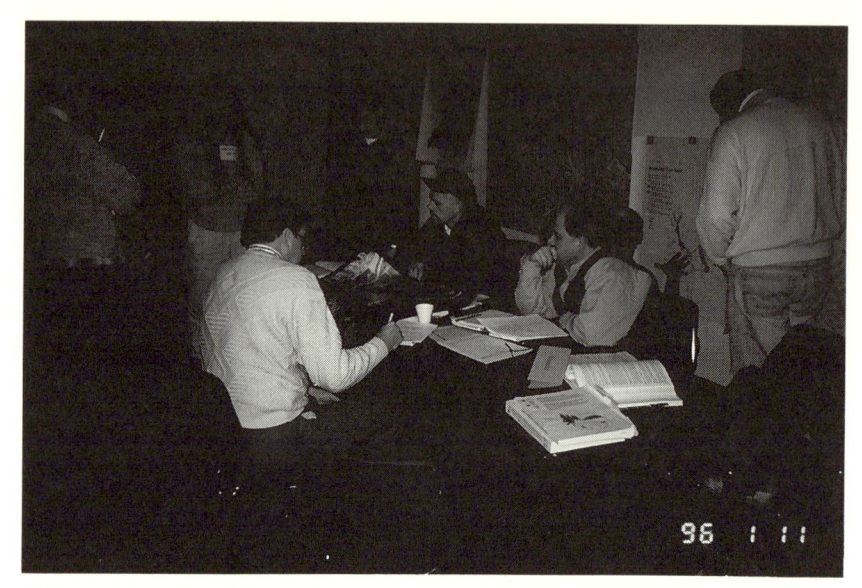

写真5-2　ノースベント森林区で行われたオープンハウス。適応型管理試験地の計画案を議論するために開かれた。

写真5-3　オレゴン州ウィラメッテ国有林で開かれた現地検討会。実際に現地に出向くことによって、より具体的な議論を行うことができる。

民、あるいは市民と市民が議論を行えるような機会を積極的に提供するようになってきている。関心のある市民が気軽に訪れ、直接議論を行うことによって相互理解を深め、市民参加の内容を豊かにするとともに信頼関係の醸成を図っているのである。

さらに伐採やレクリエーション施設造成などに関わって行われる環境アセスメントについても、従来のような一方通行かつ部分的ではない参加をめざしている。単に意見書を集める、あるいは公聴会で意見を聞くだけではなく、ワークショップなどの機会を設けて相互に議論を交わすようにしたり、計画案の作成や意見の計画への反映のさせ方などこれまで内部で行われていた作業を市民と共同で行うようになってきた。*

このほかにも様々な紛争解決・回避の手法が試みはじめられている。このうち北西部の現場レベルで紛争解決の手法として注目を集めているのはオレゴン州立大のダニエルズ等によって提唱されているコラボレーティブ・ラーニング（共同学習）という手法である。この手法は、対象となる問題に関して、国有林スタッフと市民が共同で学習・調査を行うことを通して、問題に対する共通の知識と理解を獲得しながら、「次の一歩」をどうするかを探ろうとするものである。対立を生みやすい「問題を根本的に解決する」というアプローチをやめて、少しでも状況を改善できる解決方法を共同で学んだことを基礎に探り、紛争によって膠着状況に陥ることをできるだけ回避していこうとしているのである。[68] 従来の市民参加手法を用いて対立を深刻化させてしまったオレゴン砂丘地域のレクリエーション利用計画や、ワシントン州にあるウエナッチー国有林の山火事跡地処理計画に応用されて成果をあげている。この手法の導入にあたっては、当該地域の国有林職員に対して市民参加のあり方やこの手法に関する集中的なトレーニングを行っており、この教育の成果と手法の適切さとが相まって成果を生み出していると考えられる。

---

*──ただし、前述のようにこのプロセスを不用意に用いると連邦審議会法の規定にひっかかってしまうという問題を抱えており、市民と共同での計画策定をどのように実施するかは困難な課題である。

3.2.　国有林の枠を超えた共同関係の構築へ
——アップルゲート・パートナーシップの事例を中心として

　エコシステムマネジメントという新たな資源管理のパラダイムのもとで、森林局は所有の枠を超えた協力・共同関係をつくり出していくことが求められているが、この分野についてはまだ十分な蓄積がなく分析も始められたばかりである。そこでここではアップルゲート・パートナーシップと呼ばれる、全米で最も注目されているエコシステムマネジメント実践の運動を事例として、新しい「参加」のあり方をみてみたい。

アップルゲート・パートナーシップの概要
　アップルゲート・パートナーシップは、オレゴン州南部で約20万ヘクタールの流域面積をもつアップルゲート川流域を対象としている。この地域はもともと農業・林業従事者を主体とした地域社会を形成していたが、1960年代に活発化した「自然に帰れ」運動の影響で、都市生活を嫌うカリフォルニア州からの移住者が急速に増えはじめ、さらに近年に至っても暮らしにくさが増大する都市を嫌う退職者や専門職層の移住が続き、多様で複雑な地域社会を形成してきている。[69]
　1960年代から移住者層を中心として、連邦有林での大面積皆伐や薬剤散布について懸念が高まりはじめたが、その後さらに移住人口が増え、環境保護に関する世論が全国的に高揚するなかで森林管理をめぐる軋轢が一層高まった。80年代半ばにはこの地域の連邦有林におけるほとんどの伐採計画に対して異議申し立てが行われ、地域内の環境保護派と開発派との間で激しい対立が生じるようになってしまった。こうしたなかで、環境保護運動のリーダーの一人であったジャック・シプレイは、対立が対立を呼び何も建設的な方向を生み出さないことを強く懸念し、膠着状況を打破するために、連邦有林管理者である森林局・土地管理局の職員や林産業者をはじめとする地域の人々に対して、エコシステムマネジメントを共同で実践しようという申し入れを1992年の春頃から行いはじめたのである。
　申し入れに関心をもった農業・林産業・環境保護運動・流域保全グループ・国有林・土地管理局などの人々30名が、この年の秋にシプレイの自宅に集まって話し合いをもった。この時の様子をシプレイは次のように述べている。

写真5-4　アップルゲート・パートナーシップのリーダーのジャック・シプレイ。

写真5-5　アップルゲート・パートナーシップと国有林職員が共同で行った現地検討会。

表5-1　アップルゲート・パートナーシップ発足当初のメンバー

氏名	所属または職業	利害（関心）分野
ジャック・シブレイ	環境保護団体「ヘッドウオーター」	環境保全
クリス・ブラット	大工	環境教育
コニー・ヤング	農業、農民組合	地域活性化
ブレット・ケンカーン	ローグ生態・経済研究所	地域活性化
ダン・ゴルツ	ブリル木材会社、南オレゴン林産業協会	林産業
ドゥエイン・クロス	ヘリコプター集材業者	林産業
スー・ロール	アップルゲート森林区レンジャー	連邦森林局
ジョン・ロイド	オレゴン南西部資源管理官補佐	連邦土地管理局
マリオ・マーモン	アップルゲート森林区野生生物専門官	連邦森林局

「この話し合いではまず、伐採業者だとか環境保護運動家だとか国有林職員だとかという肩書きを一切抜きにして、自分たちの個人的な背景や森林とのこれまでの関わり合いや森林への思いを語ってもらった。ここで、伐採業者は孫と森の中で魚つりや狩猟を楽しんでいること、一方環境保護運動に携わっている人々は地域の文化が失われつつあることを語り、これまで対立してきた人々が森林や地域に対して共通した関心と愛着をもっていることを相互に理解した。価値観では対立するが、地域を住みやすくし、持続的に森林を保全するという共通の課題に対して共同して取り組む可能性を皆が感じたのだ」[70]

この話し合いをきっかけに頻繁な会合を繰り返すなかで、様々な利害関係者がともに地域資源管理の方向性を考えていくことに合意し、各利害グループの代表からなるアップルゲート・パートナーシップを結成した。発足当初のパートナーシップの構成メンバーは表5-1のようになっており、連邦政府の職員から地域の様々な利害を代表するものまで多様な人々によって構成されていることがわかる。パートナーシップは頻繁な会合を繰り返すなかで、生態系及び地域社会に対するアセスメントを共同で行いながら、地域を主体とした資源管理とそれを支える地域社会づくりを統一的に追求することを目標として設定し、図5-1に示すような組織を形成して個別的な議論を行いながら具体化を進めることとした。

アップルゲート・パートナーシップの具体的な成果としては、持続的な連邦有

図5-1　アップルゲート・パートナーシップ組織図

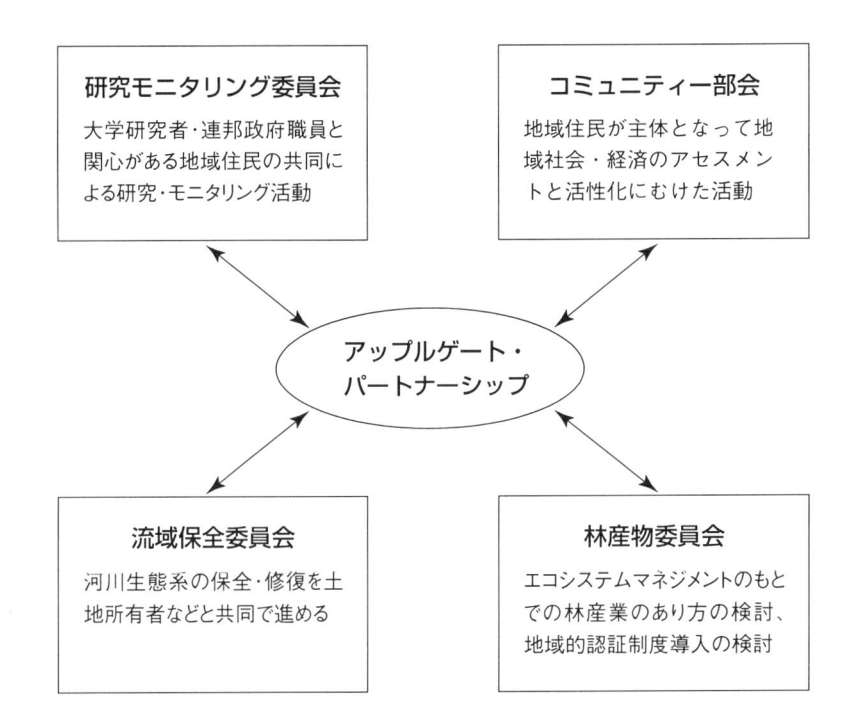

```
┌─────────────────────────┐      ┌─────────────────────────┐
│   研究モニタリング委員会    │      │    コミュニティー部会     │
│ 大学研究者・連邦政府職員と  │      │ 地域住民が主体となって地  │
│ 関心がある地域住民の共同に  │      │ 域社会・経済のアセスメン  │
│ よる研究・モニタリング活動  │      │ トと活性化にむけた活動    │
└─────────────────────────┘      └─────────────────────────┘
              ↘                    ↙
                ┌──────────────────┐
                │   アップルゲート・  │
                │  パートナーシップ   │
                └──────────────────┘
              ↗                    ↖
┌─────────────────────────┐      ┌─────────────────────────┐
│     流域保全委員会        │      │     林産物委員会         │
│ 河川生態系の保全・修復を土  │      │ エコシステムマネジメントのもと │
│ 地所有者などと共同で進める  │      │ での林産業のあり方の検討、 │
│                         │      │ 地域的認証制度導入の検討   │
└─────────────────────────┘      └─────────────────────────┘
```

林の管理をめぐる方向性について合意を形成しつつあることがまず第1にあげられる。地域内で提案される木材販売計画をひとつひとつ検討し徹底的に議論することによって、地域の林産業と生態系の保全を両立させる具体的な方向性を明確にしてきているのである。第2にあげられるのは連邦有林だけでなく全流域を対象として研究・モニタリング活動を行っていることである。森林局、大学の研究者や生態系保全に関心をもつ住民が、共同でこの地域の研究やモニタリングを行って地域の生態系に対する理解を深め、管理の指針を導きだそうとしているほか、地域の社会経済に関しても地元のシンクタンクが中心となってアセスメントを行い、現状と潜在的能力を明らかにしてきている。第3に具体的な生態系保全・修復のために流域保全活動に取り組んでいることであり、河川の生態系を保全・修復するために河畔林造成や近自然工法による小規模な河川改修などの事業を住民と土地所有者の共同で行っている。そして第4にこれらの活動が地域社会自体を

見直す運動——日本でいえば村おこしなどにも比較できるもの——と一体となって「流域共同体」の創造にむかって動きはじめていることがあげられる。[71] この一環として地域レベルの森林・木材認証制度の検討も始められている。

アップルゲート・パートナーシップの評価

　アップルゲート・パートナーシップにおいて最も評価されているのは、価値観の相違を乗り越えて参加者の間に相互信頼関係をつくり上げたことであり、これに森林局が積極的に貢献したということである。これまでの自然資源管理をめぐる市民参加の多くは行政対市民という関係で行われ、幅広い市民が集まって対等に議論を交わしたり、利害が対立する市民相互間で議論を行う機会はほとんど設定されなかった。これに対してアップルゲート・パートナーシップは最初から市民主体の運動であったということから、頻繁な会合を通して共通の議論の土台を形成し、議論の過程で相互信頼関係を培っていったのである。

　森林局を代表して参加した女性森林官は、森林局の利害のみを追い求めることなく対等な参加者の一人として議論に参加し、さらに専門知識の援助や森林局内部でのアップルゲート・パートナーシップ支援体制の確立等を通して積極的にアップルゲート・パートナーシップの発展に尽くした。このような国有林職員の参加のしかたは、これまで繰り返し述べてきた市民との共同を実践した先駆的な試みと位置づけられる。また環境問題をめぐって移住者と旧住民の対立もあったが、共同の関係が構築されるにしたがって、移住者の多様な専門的知識と旧住民の長い経験に培われた知識を融合して地域資源管理に生かされることとなった。* 多様な住民の協力関係がアップルゲート・パートナーシップの貴重な財産となりつつある。

　次に評価されるべきことは、アップルゲート・パートナーシップは生態系保全と地域経済・社会の活性化を一体として考えようとしていることである。これまでの生態系保全の試みは開発をいかに制限するかを主眼として、地域経済・社会のあり方を考慮することなく進められる場合が多かった。しかしアップルゲート・パートナーシップでは生態系を保全する主体も、またその最大の受益者も地

---

*——移住者のなかにはコンサルタントや退職した大学教授などの専門家も多く、これら専門家の知識が生かされつつある。

域社会であり、地域の活性化なくしては生態系保全もありえないとして、地域社会をまきこんで地場農林業の振興に携わるなど「地域おこし」運動として進められたのである。

もちろんアップルゲート・パートナーシップにも様々な問題があるが、エコシステムマネジメントを実行するうえでの市民参加の問題点について解決の方向性を提示していることは間違いない。

第1に市民参加の実質化という問題に関しては、地域住民が主体となって相互信頼関係を基礎とした協力関係を形成し、連邦政府職員はその一員として専門知識を生かして活動するという形態をとることによって解決してきている。第2に適応型管理の実践及び生態系の総合的な管理に関しては、研究・モニタリング活動を地元住民をまきこんで行い、住民の日常的な観察・モニタリングと研究者による掘り下げた研究が結び合わされて、この地域の生態系と管理のあり方に関する知識が深められている。第3にアップルゲート・パートナーシップ自体が柔軟かつ開かれた市民組織であるため、新しい情報や事態に即応しやすく、常に新しい参加者に開かれている。第4に行政区画を超えた生態系の広がりに対応するという問題に対しては、この運動は流域全体を結びつけた新しい流域共同体を構想することによってアプローチしようとしている。既に流域全体の地域アセスメントが小コミュニティーの参加のもとで行われているほか、アップルゲート・パートナーシップが主体となって地域新聞も発行されるようになり、個々の小さなコミュニティーをネットワーク化して流域共同体を創造する運動が具体化しているのである。

以上のようにアップルゲート・パートナーシップはエコシステムマネジメント実行上の障害を克服しつつあるが、あくまでも連邦政府からは独立した組織であり、その決定がそのまま国有林の経営方針になるわけではない。小回りのきくアップルゲート・パートナーシップと、きかない森林局・土地管理局との離齬は今後もつきまとうことになろうが、アップルゲート・パートナーシップが全国的に評価を高めるにつれ、森林局・土地管理局はますますこれを無視しては森林管理にあたることができなくなっている。その意味では地域主体の活動が連邦政府の森林管理のあり方を変えつつあるともいえよう。

4.　市民参加の新しい姿を求めて

　アメリカ合衆国国有林は、本章1であげた問題がまだ解決されていないなかで、さらにエコシステムマネジメントというパラダイムのもとで、新たな市民参加の課題に立ち向かうことが求められている。これに対して森林局では問題点の分析、計画制度の改正案策定から、職員へのガイダンスまで様々な改善策を講じてきているが、長年にわたって形成された組織文化や、職員の態度・価値観は一朝一夕に変えられるものではない。また、多くの地域で森林管理をめぐる世論が両極化し、政治化するなかで、いかに優れた市民参加制度をもってしても問題の根本的な解決は不可能である場合も多い。

　こうしたなかで最後に事例として掲げたアップルゲート・パートナーシップの試みは、地域社会を基礎として新しい資源管理のあり方を探ろうとしている点で、高く評価されている。既に研究者によって注目され、成功の要因についての分析が行われはじめているほか、多くの地域で同様な試みが始められつつある。両極化した世論、根深い対立、森林局への不信という状況下で、森林局の努力のみでは問題の解決は到底不可能となっており、地域や流域を基礎とした下からの地域資源管理の動きに大きな期待が寄せられているのである。森林局における共同へむけた動きも、こうした地域の運動と歩調を合わせるものとして大きな意義をもつ。

　一方で、下からの地域資源管理の動きに関していくつか障害もある。まず第1は、シエラクラブなど全国的な環境保護団体が冷淡な態度をとっていることである。これら団体はこうした試みが自らの存在基盤を掘り崩すことを懸念するとともに、合衆国の山村地域の多くは保守的で環境保護に反感を抱いているため、下からの地域資源管理の組織化が開発志向へと流されることを恐れている。このため、地域資源管理に参加しているこれら団体のメンバーは厳しい立場に置かれているほか、地方レベルの環境保護団体にも内部対立が起こりやすくなっている。

　第2には多くの山村地域でリーダーシップが欠如していることである。この点で専門家を多数抱えている森林局に大きな期待がかかるが、森林局の市民参加制度が地域資源管理形成の直接的なきっかけや触媒となることは現状では難しい。それはひとつには森林局組織・制度の非柔軟性の問題であるが、もうひとつには

前出のアップルゲート・パートナーシップに参加してきた女性森林官の以下のような発言に代表される問題がある。

「市民参加といっても職員が地域社会や社会状況を知悉し、市民と本気になって対等につきあい、なおかつ専門家としてのリーダーシップをとらない限り、実質化されない。一般的にいって現在の森林局はそうした状況とはほど遠く、アップルゲート・パートナーシップのような活動を現在の森林局の市民参加制度からつくり上げることは極めて困難だろう」[72]

ここにこれまでも繰り返してきた市民参加の最も根本的な問題がある。森林局は問題点を検討し、それを新しい規則に反映し、職員にむけて情報を発信することはできる。しかしその先は職員が現場や社会の状況を自分で判断して進めなければならない。市民参加の専門家を中心として国有林職員全体の意識改革を進めるとともに、市民参加の手法やコミュニケーションの手段についての経験を蓄積し、現場レベルの大きな裁量権を保障する組織体系をつくり上げる長期的な展望なしには、市民参加の実質化は常に遠い目標としてしか存在しえないであろう。

第6章 州政府による自然資源管理の しくみ——森林を中心として

　これまで連邦有地、とりわけ国有林を中心とした新しい自然資源管理の取り組みをみてきた。確かに連邦土地管理機関が新たな自然資源管理——エコシステムマネジメントの先頭をきっていることは間違いないが、連邦有地は全国土面積の35.3%、全森林面積の約18%を占めるにすぎない。これ以外の土地は州政府・自治体や企業、個人などの所有のもとにあり、その土地利用規制権限は州が保有しているのである。

　もちろん連邦政府も連邦有地以外も含めた自然資源管理一般に関する政策枠組みをもっているし、連邦補助金制度などを通して州政府に対する一定の影響力をもっている。例えば連邦森林局は私有林の環境保全的経営への転換を進めようとしており、この方針を積極的に普及するとともに、所有者が行う環境保全的施業に対する補助金制度をつくり、州政府がこの制度を利用して私有林の経営転換を誘導することを期待するといった政策手法をとっている。また連邦環境保護庁は、水質保護に積極的に取り組んでいるが、州政府が水質保護計画を立てて、これを認定した場合のみ、水質保全に関するプロジェクト資金を提供するなど、より積極的に州政府の誘導を図ろうとしている。また、第8章で述べる流域保全など、補助金などの直接的な裏づけなしに新しい資源管理の方向性を提唱し、また連邦政府機関の所有する専門知識・研究成果の蓄積を生かして州政府に対する技術的支援・助言などを行ったり、政策調整などの活動を行っている[*]。

　しかし、これらはあくまで州政府に対する働きかけ・誘導であって、州政府は

---

[*]——連邦官庁の環境保護制度が私有地に対する直接的規制力をもつ場合もあるが、例えば絶滅危惧種法に基づく生息地保護規制など限定されている。

必ずしもこれに従う義務を負っているわけではない。州政府は連邦政府と協力しつつも、それぞれの地域特性や問題状況に応じて、独自の自然資源管理政策を展開しているのであり、森林施業規制や土地利用計画制度をはじめとして、州政府が独自に法律や規則の制定を行い、その実行にあたっている。合衆国における自然資源管理の動向をおさえるためには、州政府の動向の検討が欠かせないのである。

そこで本章では州政府の自然資源管理の状況について森林を中心として全国的な動向を概観しつつ、ワシントン州について詳しくみることとし、第7章において私有林の施業規制、第8章において流域を単位とした自然資源管理の動向をみていく。

1. 州自然資源管理の歴史と概況

1.1. 州森林政策の展開

州政府の森林との関わりは2つの起源があるとされる。

その第1は森林火災への対応である。開拓初期のころからしばしば森林・原野の火災が生じ、広大な面積を焼失させるだけではなく、多くの人命を奪ってきた。これに対応するため、各州は監視・消火体制の組織化・火入れ規制を行いはじめたのであり、今日でも州林政の主要構成要素となっている。[73]

第2にあげられるのは州有林の管理である。ここで注意しなければならないのは州有林といっても、トラスト財産としての州有林とそれ以外の州有林とでは性格が全く異なることである。まずトラスト財産についてみてみると、合衆国では19世紀以降、新たに設立される州の人々に対して、学校の建設・維持のために使う基本財産として、公有地処分にあたって一定比率の面積を付与することとした。*　これはあくまで学校教育の充実を図るために州民に付与された財産であり、州政府は州民の委託を受けて、財産の価値を損なうことなく、学校財政に最大限

＊――公有地処分に先立って行われた土地測量では、6マイル四方の区画をタウンシップと呼ぶ基本単位とし、さらにこれを1マイル四方の36のセクションに区分した。当初タウンシップごとに1セクションを賦与することとし、後にこれは2セクション、さらに4セクションに引き上げられた（クラウソン〈小沢健二訳〉〈1968〉『アメリカの土地制度』、大明堂）。

寄与するように経営する義務を負っている。[74] このような財産をトラスト財産と称しているのである。トラスト財産の多くは森林であり、森林経営による木材販売収入が期待されており、ここに州政府が森林経営にのりだす必要が生じた。

一方、トラスト財産が付与される以前に成立した州を中心として、トラスト財産ではない州有林を保有しているところも多い。例えばニューヨーク州では国有林の成立以前に森林保全のために州の所有地を州有林として指定したほか、私有地の購入によって州有林を拡大してきた。また五大湖周辺の諸州では、いったん私有化された森林が、伐採後に森林所有者が州政府に返却するなどして州有林化してきている。[75] このような森林の保全・管理も州林政の重要な業務となったのであり、トラスト・非トラストあわせて州有林の管理を行う州政府組織の形成が行われてきたのである。

さて、今日の州森林政策の内容として重要となってきているのは森林施業規制である。1900年代に入って私有林における不適切な森林管理が懸念されるようになり、何らかの施業規制の必要性が議論されるようになった。ここで問題となったのは、この規制を連邦政府が行うか州政府が行うか、あるいは政府活動は誘導政策に限定し業界の自主ルールにまかせるべきかということであった。この議論の決着がつかないまま、数回にわたって連邦議会に提出された森林施業規制法案はいずれも成立せず、1950年までに連邦施業規制法の成立は断念された。[76]

こうしたなかで森林施業規制の必要性を認識した16の州が1950年までに施業規制を導入した（表6-1）。この時期に導入された施業法は伐採後の森林更新に焦点を当てており、持続的な木材供給を確保することを目的としていた。ただし、規制の内容も伐採にあたって更新のために母樹を残すといった程度のものであり、また強制力も弱いものであった。[77]

州が再び森林施業関連法の制定に熱心に取り組むのは1970年代から80年代にかけてである。この時期に施業法の成立が相次いだのは1960年代以降の環境保護運動の高まりと連邦環境保護制度の発展に呼応したためであり、このため野生生物・魚・水質・景観などへの影響を規制しようという目的をもち、また一定の強制力をもっていることが特徴である。ただし、これまでに施業法を成立させている州は20であり、全国的にみれば必ずしも多数派ではない。

このほかに、州政府は林業技術の普及指導や補助金給付など小規模森林所有者

表6-1 森林施業規制導入年

州	導入年	改正年
ネバダ	1903	1955、1971
ルイジアナ	1922	
アイダホ	1937	1974、1986
ニューメキシコ	1939	
オレゴン	1941	1971、1987、1991
フロリダ	1943	
マサチューセッツ	1943	1982
ミネソタ	1943	1967年に廃止
ミシシッピ	1944	
カリフォルニア	1945	1973、1991
ミズーリ	1945	
バーモント	1945	
ワシントン	1945	1974
ニューヨーク	1946	
ニューハンプシャー	1949	
バージニア	1950	
メーン	1969	1989
メリーランド	1977	
アラスカ	1978	1990
コネチカット	1991	
ウエストバージニア	1992	

資料：Cubbage *et al.* (1993) Forest Resource Policy

に対する支援活動も行っている。1914年に成立したスミス・レバー法は各州の州立大学が中心となって普及活動を行うこととし、これをもとにして州立大学を中心とする普及組織の形成と普及事業の展開が行われてきた。また、1930年代から農地保全を目的とした連邦政府による造林補助プログラムが開始されていたが、1973年には林業誘導プログラム法、さらには1990年農業法が成立し、これらの法律に基づく林業に対する補助プログラムが州政府を通して給付されるようになった。また州によっては独自の補助プログラムを展開させているところもある。[78]

表6-2 アメリカ合衆国の州政府森林行政の主要指標

指標	全州合計	州平均	最大	最小
総林業財政支出	11億694万ドル	2214万ドル	3億7277万ドル (カリフォルニア)	113万ドル (デラウエア)
うち森林火災関連費	6億4366万ドル	1287万ドル	3億4026万ドル (カリフォルニア)	0 (ペンシルベニア)
うち州有林管理費	1億172万ドル	203万ドル	3060万ドル (ワシントン)	0 (11州)
林業財政収入				
連邦政府からの財政配分	8492万ドル	170万ドル	966万ドル (カリフォルニア)	10万ドル (モンタナ)
林業関連収入繰入れ額[注]	1億6541万ドル	331万ドル	6474万ドル (ワシントン)	0 (11州)
州一般会計から繰入れ額	6億7724万ドル	1355万ドル	2億4980万ドル (カリフォルニア)	34万ドル (カンザス)
州有林面積	2285万ヘクタール	46万ヘクタール	860万ヘクタール (アラスカ) 160万ヘクタール (ニューヨーク)	0 (ネバダ)
州面積に占める州有林面積		8.0%	42.7% (ハワイ)	0 (ネバダ)
州有林木材販売収入	3億178万ドル	604万ドル	1億4160万ドル (ワシントン)	0 (3州)

資料：Different Drummer 2(3)
注：州有林からの収入や手数料収入などのうち、林業財政に配分されるもの

1.2. 森林政策の現状[79]

州政府による森林行政における主要な指標をみると表6-2のようになる[80]。

財政についてみると総額の約6割が森林火災対策の費用にあてられており、州林政において森林火災対策が重要な地位を占めていることがわかる。これについで大きな比率を占めるのは州有林管理費であるが、州有林の多くの部分を前述のトラスト財産が占めており、この場合独立採算をとって別会計で扱われていることがある。一方、日本の林業予算の多くを占める造林・治山・林道など公共事業や補助金に関わる支出の比率は極めて低くなっている。以上のようにみてくると、少なくとも財政面でみる限り、州政府の林政は積極的に森林資源の育成や林業の振興を図るという性格は希薄であり、州有林管理を除いては森林火災対策など消極的な資源保護の占める比率が高いのが特徴といえる。

財政収入をみると、連邦政府からの資金割り当ての占める比率は1割以下であり、基本的に州独自の財政収入によって林政費をまかなっていることがわかる。林政費に占める州税収入は約6割に達しており、このほかに州有林収入の一部が管理費として林業費に組み込まれている。

　さて、財政の面で州ごとの特徴を簡単にみてみると、財政規模の大きさでまず目立つのはカリフォルニア州であり、全州合計の約3分の1を占める3億7277万ドルを支出している。また、カリフォルニア州の林業予算はその9割強が森林火災対策にあてられているのが特徴であり、その額は全国の森林火災対策費の約半分にのぼる。一方、財政規模が最小なのはデラウエア州であり、カリフォルニア州の1％にもみたないわずか100万ドル強となっている。また、州有林管理費は広大かつ資源内容の優れたトラスト財産をもち木材生産活動が活発なワシントン州がトップで全国の約3割を占めている。

　次に州有林の総面積をみると、日本の森林面積よりも若干小さい2300万ヘクタールとなっており、全森林面積の約8％を占めている。州ごとの面積をみると、860万ヘクタールを所有するアラスカ州を別格としても、160万ヘクタール以上を所有するニューヨーク州から全く所有していないネバダ州まで多様である。また、前述のように州有林といってもトラスト財産とそれ以外の全く性格の異なったものがあり、西部ではトラスト財産としての州有林が多くなっている。

　次に森林施業規制についてみると、全50州のうち施業規制の法律をもっているのは20州となっている（表6-1）。環境問題の高まりのなかで州政府の森林行政における施業規制の重要性が認識されてきたとはいえ、法制度化している州は多数派とはなっておらず、多くの州では私有財産としての私有林に対して公的な規制はかけていないのである。ただし、東部諸州などでは自治体単位で土地計画の一環として森林施業規制を行うことがあり、また野生生物や水質保全との関わりで規制をかける州もあるので、州森林施業規制法がないからといって必ずしも森林施業を自由に行えるわけではないことを認識しておく必要がある。

1.3. 森林政策を行う州政府行政組織

　以上のような州森林政策を担う行政組織は、州によって政策の内容が多様であ

表6-3　アメリカ合衆国州政府における森林・野生生物・州立公園行政機構組織

組織の形態	州の数
森林・野生生物・州立公園をすべてひとつの組織で管轄	16
野生生物と州立公園が一緒	9
野生生物と森林が一緒	1
森林と州立公園が一緒	9
すべてが独立した組織	15

資料：Different Drummer 2 (3)

ること、州政府組織の成立過程が大きく異なっていることなどを反映して、多様な形態を示している。また、行政組織の多様性ということは、第1に他の自然資源分野の管理組織との結びつきの多様性ということと、第2に組織の形成のされ方の多様性の2つの側面に分けられる。

　まず第1に他の自然資源分野の管理組織との結びつきということであるが、森林行政組織が独立して存在している場合は必ずしも多くはない。そこで、ここでは森林以外の自然資源管理分野である州立公園と野生生物管理との関係で組織構成をみていきたい。表6-3は、州ごとに森林・野生生物・州立公園分野の行政組織がどのように編成されているのかをみたものであるが、各分野を別々の組織によって管轄している州がある一方で、ひとつの組織がすべての分野を担当している州まで、5通りの組み合わせすべてが現れている。地域的には西部諸州にそれぞれの分野を完全独立した組織が担当している場合が多く、またひとつの部局がすべてを管轄している州は五大湖周辺に集中しており、ニューイングランド地方のほとんどが森林と州立公園を同一部局で扱っている。州有林や州立公園の面積の大きさなど業務内容の多寡によって、それぞれの組織の独立性が決まってくるというわけではなく、むしろ歴史的な経過によって組織構成が決められてきているとみられる。

　第2に組織のされ方が多様であることについてみてみよう。例えば森林を扱う州政府組織をみても、州民の直接選挙によって責任者を選出しこの責任者が組織を率いる州、日本のように知事が部局の長を任命する州、森林委員会を組織してこの委員会が方針を設定する州などがあり、また同じ森林委員会でも州知事や出

納長などによって森林委員会を構成する州、州知事が森林委員会メンバーを指名する州など多様な組織形態をとっている。

　森林の場合、州民から委託されたトラスト財産を扱う州が多いことから、委員会や公選の責任者が州の森林行政を掌握する場合が多いが、州立公園や野生生物管理に関しても州民に対するサービス機能を十分に発揮させる、あるいは専門的な知識を反映させるという観点から、市民を含めた委員会を組織する場合が多く存在する。

2.　ワシントン州における自然資源管理

　次に、本書でも分析の中心的対象となっているワシントン州を事例として、より詳しく自然資源管理の機構と内容についてみてみよう。

　ワシントン州では自然資源管理に関わる政府機関として、以下のような組織が存在している。

　自然資源局（Department of Natural Resources）；トラスト財産の管理、森林政策

　魚類野生生物局（Department of Fish and Wildlife）；魚類・野生生物の保護管理

　州立公園・レクリエーション委員会（Washington State Park and Recreation Committee）；州立公園の管理・運営

　環境局（Department of Ecology）；公害防止など、自然資源管理では水質保全・水資源管理

　野外レクリエーション部局間委員会（Interagency Committee for Outdoor Recreation）；野外レクリエーションに関する政策・事業の総合的推進、調整

　以上のように、森林・野生生物・州立公園それぞれに独立した行政組織が形成されており、いずれの組織も全国的にみても規模が大きく、充実したプログラムをもっている。例えば予算規模でいえば、森林、野生生物はカリフォルニア州についで全国2位、州立公園はカリフォルニア・ケンタッキーについで第3位を占めているのである。また水質汚染などを取り締まる環境局が別に組織されているほか、レクリエーション政策の総合的調整を行う組織が設置されている。

以下の記述では森林政策を担当する自然資源局を中心としつつ、自然資源管理に直接関与する魚類野生生物局、州立公園・レクリエーション委員会についてその職務内容を紹介し、ワシントン州における自然資源管理のしくみを概観することとしたい。

2.1. ワシントン州自然資源局

ワシントン州の自然資源局（以下DNR）は州の自然資源管理全般を管轄している。その主要な業務を列挙すると以下のようになる。

①トラスト財産の管理；84万ヘクタールの森林と、48万ヘクタールの農地・牧野を州民の委託によって管理し、持続的に最大限の収入をあげる。

②連邦有林を除く森林の保護・保全；森林火災の防止・消火を行うほか、施業規制を行って森林保全を図る。近年では自然保護地区の設定管理を行うようになっている。

③沿岸・海底・湖底・河床の管理；法律によって約84万ヘクタールの水中の土地が州民の公共の財産とされ、DNRが管理を行っている。このなかには舟運が可能な河川・湖沼の河床・湖底や海岸から一定範囲の海底を含んでおり、貝の採取ライセンス販売によって大きな収入をあげている。

④鉱山開発の規制・監督

本節では以上のうち森林に関わる業務を中心に述べる。

第1にトラスト財産の管理であるが、現在ワシントン州には84万ヘクタールのトラスト森林がある[*]。トラスト森林は公立小中高校の建設費用のため、公立小中高校の一般財政補助のため、州立大学の建設費用のため、州政府の建築物建設費用のためなどいくつかの種類に分けられており、それぞれの種類ごとに独立して経理されている。いずれにせよ、これらトラスト財産はDNRが委託を受けて財産所有者が最大限の収入を得ることができるように経営し、収入の25％を管理費として保持している。

---

[*] ワシントン州のトラスト財産は主として2つの起源があり、ひとつは先にも述べたように州が成立するときに連邦政府から付与されたものであり、もうひとつは主として大恐慌期に固定資産税を払えなかった人々がカウンティーに対して土地を物納し、カウンティーがこれを州政府に委託したものである。

例えば、1997年度における木材販売による収入をみると3億237万ドルとなっており、このほかに森林以外のトラスト収入＊があり、総計では3億3504万ドルに達している。このうち約25％にあたる8804万ドルがDNRのトラスト財産管理会計に組み入れられており、トラスト財産の管理・経営にあてられている。

　なお、北西部の森林をめぐってはこれまでも繰り返し述べてきているように、絶滅危惧種の保護策をどうするかが大きな課題となっており、これはトラスト財産も例外ではない。

　絶滅危惧種法は、絶滅の危機にあると認定した種に対して、個体の捕獲から生息域の破壊までを禁止するという極めて厳しい措置を要求しており、個別的な木材生産行為もすべてこの要求をクリアすることが必要となり、この場合コストの増大・計画実行の停滞などが不可避となる。絶滅危惧種法はこれに対してひとつの「解決法」を用意しており、絶滅危惧種の生息数を維持・増大と生産活動を両立させた「生息地保全計画（Habitat Conservation Plan）」を樹立し連邦魚類野生生物局の認定を受ければ、この計画に従っている限り、木材販売など個別の経営行為に介入しないと規定していた。このためDNRはトラスト財産地全域に対して生息地保全計画の樹立作業を進め、1997年には連邦魚類野生生物局の認定を受け、現在はこの計画に従って管理を行っている。

　第2にDNRは連邦有林を除く森林の保護・保全も行っているが、活動の焦点は森林火災対策に当てられている。ワシントン州東部地域は乾燥気候のため、森林火災発生の危険度が高く、森林資源保護の観点から、また森林に隣接して存在する集落の人命・財産保護の観点から、森林火災対策が重要な課題となっている。このためDNRは森林消防隊を組織しているほか、火災を予防するための施業方法などについて教育活動を展開している。このほかに、病虫害の防除、気象害による森林被害の回復などにも取り組んでいる。

　第3にDNRは森林施業規制制度をもって民有林の施業の監督を行っており、その規制は全米でも最も厳しいもののひとつとなっている。施業規制の内容は、水質保護法や絶滅危惧種法など連邦環境規制を州内民有林においてどのように具体化するかということと、州特有の環境問題にいかに対応するかという両面をも

＊──森林以外に農地・牧野として貸与したり、鉱物の採掘権を貸与しているものがあり、ここから賃借料やライセンス料収入を獲得している。

図6-1　ワシントン州自然資源局の組織図

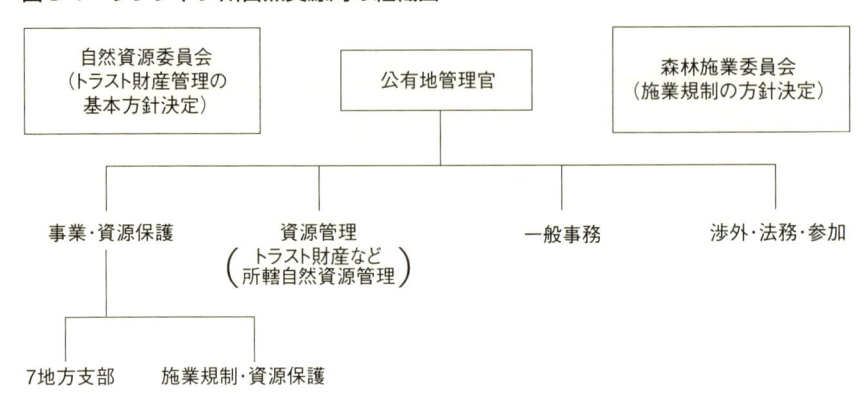

```
┌─────────────┐      ┌─────────┐      ┌─────────────┐
│ 自然資源委員会 │      │         │      │ 森林施業委員会 │
│(トラスト財産管理の│      │ 公有地管理官 │      │(施業規制の方針決定)│
│  基本方針決定) │      │         │      │             │
└──────┬──────┘      └────┬────┘      └──────┬──────┘
       └────────┬──────────┼──────────┬──────┘
                │          │          │
          ┌─────┴────┐ ┌───┴───┐  ┌───┴───┐  ┌────────┐
          │事業・資源保護│ │資源管理│  │一般事務│  │渉外・法務・参加│
          │          │ │(トラスト財産など│          │
          │          │ │所轄自然資源管理)│          │
          └─────┬────┘ └───────┘
                │
        ┌───────┴────────┐
        │                │
    7地方支部        施業規制・資源保護
```

注：自然資源委員会の構成は、自然資源管理官（議長）・州知事・ワシントン大学森林資源学部長・ワシントン州立大学農学部長・教育長・郡の代表からなる。

っているが、この詳しい内容については次章で述べることとする。ここではとりあえず、森林施業監督官が各担当地域内における環境に影響のある施業計画をすべてチェックするとともに、その実行状況をモニタリングしており、森林所有者はこの指示に従うことが求められているという事実を指摘するにとどめる。

このほかにDNRが行っている森林行政をあげてみると、①連邦政府からの私有林補助金を受け入れて、これを配分する、②自然保護地区を設定し、その管理にあたる、などとなっている。ただし、これまでの自然保護地区の指定面積は約３万ヘクタールと小規模にとどまっている。

ここでDNRの組織機構をみると図6-1のようになっている。第１の特徴はDNRは州民の選挙によって選出される公有地管理官（Commissioner of Public Lands）に率いられている点である。このため選出された公有地管理官の基本姿勢によってDNRの方針が大きく転換する。例えば1993年以降管理官の座にあるベルチャーは民主党・環境保護グループの推薦を受けて選出されており、環境保全に傾斜した方針を打ち出しているため、トラスト財産からの収入確保を第一に考える受益者やスタッフと軋轢を起こすなどしている。[*]

[*]——例えば、1996年にはベルチャーの方針に反発した州有林担当責任者が抗議辞任し、同年の公有地管理官選挙にベルチャーに対抗して出馬したが、敗北している。

第2に、トラスト財産の管理および森林施業規制の基本方針を決定するために、自然資源委員会及び森林施業委員会が設置されており、ともに公有地管理官が座長をつとめ、DNRはスタッフ機能を提供している点である。自然資源委員会のメンバーは、州教育委員会・州立大学などトラスト財産受益者の代表からなっており、その意向がトラスト財産管理に反映できるようになっている。また、森林施業委員会は環境局・コミュニティー通商経済開発局など関係する州政府機関代表、伐採業者、大規模土地所有者、小規模土地所有者、環境保護団体、先住民族など主要な利害関係者の代表からなっており、これら代表の合意のうえで施業規制方針が定められるようになっている。

　このように公選制の公有地管理官と利害関係者による委員会が基本方針を決定するという原則が貫かれており、DNRは委員会活動を支援し、その決定に従って職務を遂行するという枠がはめられているのである。

　スタッフ組織としては資源管理部がトラスト財産の管理全体を統括し、さらに事業・資源保護部が資源保護や森林施業を管轄するとともに、7つの地方事務所を統括している。地方事務所にはトラスト財産管理、森林保護、森林施業規制を担当する組織が置かれている。なお、私有林所有者に対する指導・普及活動は、ワシントン州立大学に付属する普及組織が行っており、DNRとも協力関係にある。

2.2. ワシントン州魚類野生生物局

　魚類野生生物局は、1994年に野生生物局と水産局が合併して生まれた官庁である。野生生物局は野生生物保護・管理とスポーツフィッシング[*]を、水産局は漁業とサケマス孵化事業を管轄していたが、魚類野生生物局はこの両者の仕事をすべて引き継ぎ、年間予算が1億ドルを超える全米第2位の規模を誇る州野生生物行政機関となっている。

　魚類野生生物局の職務としてまず第1にあげられるのは魚類・野生生物数のコントロールであり、狩猟・スポーツフィッシングの許可証発行を通して生息数管

---

[*]――合衆国においては、レクリエーションを目的とした釣りをスポーツフィッシング（Sports Fishing）と称している。

理を行うとともに、狩猟警察が違反の発見・逮捕・処罰を行っている。*第2には生息域保全に対する取り組みを行っている。良好な生息域保全が行われない限りは野生生物の保全を図れないため、規制的な手法によって生息域の保護を行ったり、補助事業によって生息域の修復や復元事業を行っているのである。第3には水産資源の商業的捕獲のコントロールと、州において最も重要な水産資源であるサケ資源の保護・増殖を行っている。ここで付言しておかなければならないのは、サケの保護にあたっては、遺伝子資源の多様性を維持するために、自然産卵を高く位置づけていることであり、漁業捕獲・人工孵化のための捕獲数と自然産卵のために遡上させる個体数のバランスがとれるように管理を行っていることである。また、これとの関係で生息環境の保全に力を入れており、河畔域の保全にも積極的に取り組んでいる。

現在、魚類野生生物局の主要な課題となっているのはサケの生息数の回復である。ワシントン州では生息環境の悪化から、1999年までに5地域で8種類のサケが絶滅危惧種にリストアップされており、調査の進展によってさらに指定地域・種が増加することが懸念されている。絶滅危惧種への指定は、漁業に対して大きな打撃を与えるだけではなく、生息域保護のための水質保全や水量の維持を保障するために、流域の土地利用や水利用のあり方に大きな制限がかかることとなり、リストアップを回避するための生息数回復が州全体の大きな課題となっているのである。このため包括的な戦略プランの策定が1997年12月に終了し、これに基づいた方策が展開されている。

なお、以上のような魚類野生生物管理を実行するにあたっては、州民との協力関係の構築が重視されており、政策決定の過程で積極的に市民参加の機会を保障するとともに、ボランティア活動の組織化や、学校生徒や一般州民に対する教育活動などを展開している。

2.3. ワシントン州州立公園・レクリエーション委員会

1999年現在、ワシントン州には管理官が常駐する州立公園は125あり、このほ

---

*――1997年現在で、州が管理の対象としている魚類・野生生物は640種、発行ライセンス数はスポーツフィッシング130万、狩猟26万などとなっている。

写真6-1　ワシントン州の州立公園のなかでも、長い歴史と有数の規模をもつデセプションパス州立公園。

かに生態系保護のため保護されているところ及び将来の整備に備えて土地が手当てされているところが25カ所ある。州立公園の総面積は9万2800ヘクタールである。

委員会の名前に示されているように、これまでの州立公園の指定・整備はレクリエーション利用機会の提供を主目的に行われてきた。現在までに整備されているレクリエーション施設はキャンプサイト7710カ所、ピクニックエリア5995カ所、ボートランチ122カ所、ビジターセンター15カ所、歩道1118.4キロメートルなどとなっている。このほかにも近年ではクロスカントリースキーコースなど冬期レクリエーション機会の提供に力を入れている。

こうした結果として年間訪問者数は急成長を続け、1995年には4511万人日を数えるに至った。その一方で、州立公園内に存在する貴重な生態系への利用圧力が問題視されるようになり、生態系の保護に次第に力が入れられてきている。これまでに7カ所の原生林保護地区を設定したほか、DNRと共同で2カ所の自然保護地区を設置している。

ワシントン州における州立公園管理システムの特徴は、市民によって構成され

る州立公園・レクリエーション委員会によって管理・運営されている点である。この委員会は公園・レクリエーション活動の専門家を含む市民によって構成されており、州政府職員や議員は一切含まれていない、純粋な市民による委員会となっている。この委員会が州立公園の設置・運営などに関する基本方針を設定し、利用料金収入と州政府からの財政割り当てを受け、スタッフを雇用して公園の管理運営にあたっているのである。ただし、訪問者が増え続ける一方で、財政カットが進んだため、施設整備が追いつかないだけではなく、管理水準が維持できなくなっていることが問題となってきている。

2.4. ワシントン州における自然資源管理制度のまとめ

　以上、州の自然資源に関わる制度についてみてきたが、連邦有地・連邦環境制度を含めて土地所有・管理形態との関係でまとめると図6-2のようになる。
　絶滅危惧種法や水質保全法など連邦環境法規制がすべての土地所有にわたって効力を及ぼすほか、それぞれの連邦有地のカテゴリーごとに独自の連邦法体系をもっている。これに対して連邦有地以外の民有地に関しては州の環境規制制度が効力をもっているほか、公有地に対してはそれぞれの目的に応じた制度が形成されている。
　また野生生物管理に関しては国立公園を除いては州政府が個体数のコントロールを行っており、生息地管理に関してはそれぞれの土地所有者が行うが、特に私有林に関しては州政府が積極的に生息地保全にむけて誘導しようとしているのである。
　いずれにせよ州内の自然資源管理に関しては連邦有地を除いては、基本的には州政府がそれぞれの地域状況と州政府の方針に基づいた法制度を形成しているのであり、連邦の環境法規制も、例えば州森林施業規制など州政府の制度に移し替えられて実行されている場合が多いといえる。
　こうした意味で、連邦有地管理以外の新しい資源管理の動向は州レベル以下で、それぞれの地域的特徴をおさえつつ解明されなければならない。しかし、このような作業を全国的に、自然資源管理全般を対象として行うことは筆者の力量を大きく超える。前述のようにワシントン州は全国でも最も厳しい森林施業規制制度

図6-2　ワシントン州における主たる土地所有・管理形態とその法規制・管理内容

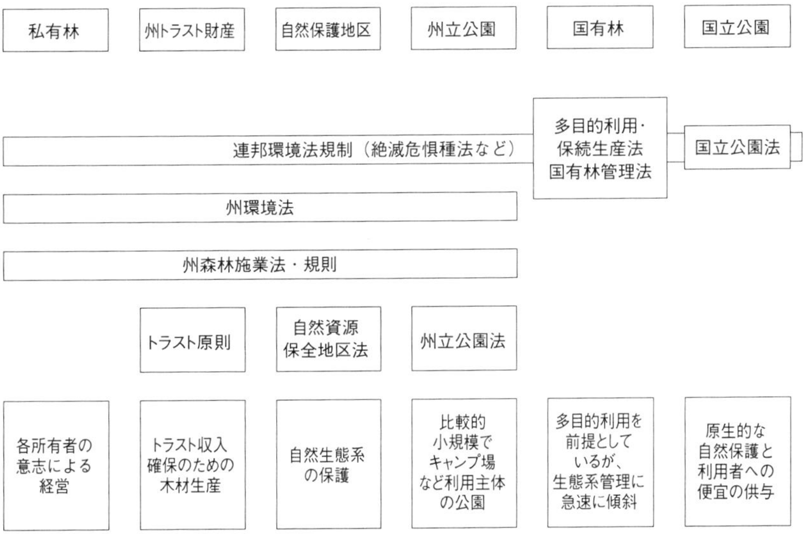

私有林	州トラスト財産	自然保護地区	州立公園	国有林	国立公園
連邦環境法規制（絶滅危惧種法など）				多目的利用・保続生産法 国有林管理法	国立公園法
州環境法					
州森林施業法・規則					
	トラスト原則	自然資源保全地区法	州立公園法		
各所有者の意志による経営	トラスト収入確保のための木材生産	自然生態系の保護	比較的小規模でキャンプ場など利用主体の公園	多目的利用を前提としているが、生態系管理に急速に傾斜	原生的な自然保護と利用者への便宜の供与

を形成しているが、これは多様な利害関係者の合意のうえで、単に森林資源の保護というだけではなく魚類や野生生物の保全を目標としている点で、エコシステムマネジメント実践の重要な試みであると考えられる。そこで次章ではワシントン州の森林施業規制制度について詳しくみることとしたい。

第7章　協定に基づく森林環境保全
―― 環境ADRの可能性と限界

1.　森林施業規制と環境ADR

1.1.　森林施業規制の必要性とそのあり方

　本章ではワシントン州における森林施業規制について述べることとするが、まず最初に森林施業規制をなぜ取り上げるのか、そのあり方はどうあるべきかについて述べておくこととしたい。

　これまでも繰り返し述べてきたように、森林に対する社会の関心は、木材生産機能の発揮ということからレクリエーションの場や水源涵養など様々な公益的機能の発揮、さらには森林生態系それ自身の保全へと移ってきている。このような森林の役割は当然のことながら、公的所有か私的所有かという所有の形態に限らず同様に期待されるものであるが、国有林など公的所有のもとにある森林は社会的な要求を経営方針に反映しやすく、これに伴う財政的な手当てなども行いやすい一方で、私的所有者に対して公的所有のもとにある森林と同様の規制をかけることは、私的土地所有権を制限するという点で所有者の理解を得にくく、制度化は困難である。しかし森林生態系が劣化し、さらに生態系保全という観点から、流域などを単位とした広域生態系の保全を総合的に考える必要が指摘されている現在、私的所有のもとにある森林についてもこのような文脈のなかで新たな森林施業規制のあり方を構想することが求められている。

　ところで生態系保全の観点から森林施業規制のあり方を考えるにあたっては、まず第1に合衆国においては西部を中心に、私的土地所有権の絶対的な保護――

自由な土地利用を求める考え方が根強く、利用規制が困難であるという障害がある。前述のように、近年、絶滅危惧種保護のための生息域開発規制など、環境保全を目的とした土地利用規制が高まっていることに対して、私有財産保護の立場から反対運動が活発になってきており、草の根反環境保護運動と結びついて大きな影響力を行使するようになってきている。連邦議会では、私有財産に対して規制をかける場合には、正当な補償をしなければならないという法案がたびたび上程されているほか、私有財産権保護運動の勢力が強いアリゾナ州などいくつかの州では実際にこうした州法が成立しているのである。生態系保全という錦の御旗を掲げて森林施業規制を行おうとしても、社会的に混乱を引き起こし、規制の実効性が確保されない可能性が高く、またそもそもこのような規制が議会で成立する可能性はほとんどないといえる。以上のような障害を克服できるとしても、施業規制を実効性あるものとするためには次のような問題を解決する必要がある。

①森林は場所的な多様性が高く、また水・土砂移動や野生生物の生息環境など複雑な生態系の連関のなかで森林の機能を考えなければならない。このため規則の制定とその機械的な適用だけでは生態系の保全は必ずしも期待できず、それぞれの森林の特性に応じた措置が必要とされる。

②所有者の自発性がない限りは効果が期待できない。広大な面積の森林で行われている膨大な数の施業のすべてを規制当局の監視下に置くことは不可能である。また規制の機械的な適用だけではなく、森林の特性に応じた施業や生態系修復にむけた行為が求められているため、所有者が問題を認識したうえで自発的に適切な施業を行うことが求められる。

③森林生態系に関する研究は発展途上にあるため、望ましい森林施業のあり方の模索は常に研究や経験の蓄積と歩調を合わせて行われなければならない。これまでの林学研究は木材生産を主体としたものであったため、森林生態系やその水圏生態系との関わりなどの研究はまだ緒についたばかりである。新しい知見を施業規制に反映させていく柔軟かつ継続的なシステムが必要とされる。

ここにあげた3つの問題に応えるような形で森林施業規制政策の新しい地平を築くことが今日求められているのであり、このためには関係者の合意と自発性に基づく柔軟な政策形成システムの構築が不可欠とされているのである。

1.2. 環境ADRの概念と本章の課題

　合衆国では環境問題に関わる紛争解決の手段として、法廷や行政の権力的な介入を通さない環境調停（Environmental Mediation）やEDS（Environmental Dispute Settlement）などと呼ばれる関係者の自発的な交渉による解決手法（Alternative Dispute Resolution；以下ADR）が試みられてきた。[81] 環境ADRが問題解決の有効な手段として注目されてきた要因は、第1に環境問題に関する訴訟が一般化する一方で、訴訟による解決は時間がかかり金銭的な負担が大きいうえ、判決が問題の解決に直接結びつかずに多くの場合新たな紛争を結果したこと、第2に行政が紛争に権力的に介入した場合、大きな軋轢が生じやすく、不満を抱く関係者によるサボタージュや法廷闘争を呼び起こしやすいことがあげられる。

　ADRについては様々な定義が行われているが、大きくは関係者が自発的意志によって参加し、直接的な対話を通して、紛争を解決するための参加者の合意を形成する、とまとめることができる。また第三者を調停者とする過程を環境調停と呼んでいる。以上のような環境紛争解決の手法をここでは「環境ADR」と総称することとする。

　もちろん環境ADRは万能ではなく適用可能な条件の限定や、財政力や人的資源の豊富な参加者が弱体な参加者を籠絡するなどの危険性について明らかにされてきている。しかし環境ADRは自発的意志による参加者の直接的対話という特徴をもっていることから、紛争の原因である個別問題を再構成することによって、より普遍的な問題解決の枠組みをつくり出し、規制の強制だけでは不可能な、参加者による自発的実行を引き出す可能性を有する点で、新たな森林施業規制のあり方を探る有効な手段となりうる。一方、これまで環境ADRは個別紛争解決の手段として用いられることが多く、継続的な合意形成システムへと展開することは少なかったため、前節③で指摘したような問題に対処するうえでは限界をもっていた。

　合衆国ワシントン州においては、サケ（11種の固有種と7種の外来種からなる）生息域保全を主要な目的として、先住民族・森林所有者・環境保護団体・州政府の間で森林施業規制のあり方に関して木材・魚類・野生生物協定（Timber Fish and Wildlife Agreement；以下TFW協定）を結び、さらにこれに基づく継続的な

協議によって施業基準の形成とその実行にむけた努力が積み重ねられてきている。このプロセスは環境ADRのひとつとして位置づけられるが、継続的な協議によって森林施業規制の方向性に関する合意形成を行っている点で先駆的な性格をもっている。

本章ではこのプロセスを事例として取り上げ、第1にサケ生息域保全のために形成した施業規制の内容、第2に森林施業規制に関わる問題を克服しながら継続的な合意形成を可能とさせているシステムと、それを支える条件について明らかにするとともに、今日抱えている課題とその克服の方向性について展望することとする。

2. TFW協定の成立

2.1. ワシントン州におけるサケ資源をめぐる状況

合衆国北西部の先住民族にとってサケは生活・文化上高い位置づけが与えられていたが、19世紀中葉以降ワシントン州では、州政府が行うサケ資源管理に先住民族は全く関与できないままその漁業権はほとんど無視され、1970年代初頭には先住民族によるサケ漁獲量は州合計の7％程度を占めるにすぎなくなっていた。しかし70年代以降権利回復が進み、今日ではサケ資源の管理・保全に関して州政府と並ぶ地位を占めている。

またサケはこの地域の水産業やスポーツフィッシングを支える重要な水産資源でもある。特に後者に関しては1990年から93年の平均で年間73万尾を捕獲しており、レクリエーションとして重要な位置を占めているだけではなく、これに関連する観光産業などを含めた経済的波及効果も大きい。サケはワシントン州を象徴する存在でもあり、幅広い州民がサケ資源の動向に関心を示しているのである。

一方、州内でサケ生息域は年間1万ヘクタール以上が破壊され、4万ヘクタールが劣化していると推定されているほか、600以上の河川・湖沼が連邦水質保全法の基準を満たしていないとされている。この結果サケ資源が減少してきており、これまでに州内の5地域で延べ8種のサケ科魚類が、連邦絶滅危惧種に指定されており、調査の進行につれてさらに指定が増加すると予想されている。

これに対して、これまで州政府と先住民族が共同して捕獲規制や、人工孵化事業を行っているほか、コロンビア川ではサケへの影響を最小限に抑えるためのダム放水管理の実験などが行われてきている[82]。また環境修復・復元に対する補助事業が連邦・州政府の共同プログラムとして行われており、自治体やNGOなどがこの補助金を受けてサケ生息域の修復・復元などに取り組んでいる。さらに上述のような絶滅危惧種指定の可能性が高まるなかで、これを回避するための総合的なサケ資源・生息域保護管理計画が州政府の手によって策定されている。このような一連のサケ資源保全政策のなかで、TFW協定は森林地域におけるサケ生息域保全に関わる包括的な対策を講じようとした試みと位置づけることができる。

2.2.　TFW協定の源流としての2つの紛争

　TFW協定を生み出したのは、先住民族のサケ漁業権回復要求の一環としてのサケ生息域保全をめぐる先住民族対森林所有者、および森林生態系保全をめぐる環境保護団体対森林所有者・州自然資源局（DNR）の2つの紛争である。

　1960年代以降先住民族の権利回復を求める訴訟が次々と起こされたが、連邦地裁は1974年にサケ漁業権に関して先住民族は漁獲量の50％の権利をもつとの判決を下し、さらに1980年にはサケ漁獲量の維持・回復のために生息域の保全を求める判決を言い渡した[83]。これらの判決は先住民の自然資源に対する権利を認め、州政府に対してサケ資源管理の枠組みを根本的に変革することを求めたのみならず、生息域の破壊によって資源量が減少する限りは先住民族の権利を保障できないことを認めた点で画期的なものであった。一方、サケの生息・産卵域の破壊の大きな原因として伐採・林道建設による土砂の流出や河畔林の伐採による河川水温の上昇、重機による河床破壊が指摘されており、森林所有者と州の森林政策形成を担うDNRは何らかの対応をとることを迫られたのである。

　ワシントン州は商品価値の高い森林資源を豊富に擁しており、林産業は州の重要な産業のひとつとなっている。林産企業は州の私有林面積の約55％を所有しており、上記の判決の影響を大きく受けることが予測されたが、先住民族の権利問題について訴訟を継続しても自らの利益になる判決を得られる可能性は少なく、また社会的イメージの低下も避けられないと判断し、交渉によって問題解決を図

る方針を固めた。[84] 1982年には州産業界の拠出によって北西部水資源委員会を設立し、先住民族と共同でサケ生息域保全・資源回復のための事業を開始し、さらに1984年にはこの委員会を紛争調停機能も備えた北西部再生可能資源センターに発展させて、先住民族との交渉の調停にもあたらせることとした。

もうひとつの紛争は州政府と環境保護団体の間に生じたものである。1968年以来公有地管理官の任にあったコールが開発優先の態度を明確にしており、州有林において環境への影響をほとんど考慮しないまま大面積皆伐を中心とした木材生産を進め、また1976年に制定した森林施業規則も森林生態系保全への配慮を欠如していた。

これに対して州の森林政策を生態系保全の方向へと転換させようとしたのがワシントン環境協議会であった。ワシントン環境協議会は、州レベルでの環境問題に、より効果的に取り組むために州内の環境保護団体が1967年に結成した団体で、州環境政策法などを成立させて今日の環境行政の基盤を構築するのに大きな役割を果たし、1970年代に入って森林生態系保全にむけた活動を本格的に始めた。ワシントン環境協議会の基本的な方針は森林施業規則を生態系保全にむけて強化することと、州有林経営に森林生態系保全への配慮を組み込むことであり、その実現のために州政府・議会に対して圧力をかけるとともに法廷闘争を繰り広げることとしたのである。例えば1978年には州立公園付近での州有の原生林における木材販売差し止め訴訟を地元住民と共同で行い、州は施業許可にあたって十分環境に配慮していない旨の判決を勝ち取った。また、1980年に行われた公有地管理官選挙では開発慎重派のボイルを支援してその当選に大きな役割を果たした。

先住民族及び環境保護団体との間で生じた森林施業規制や州有林管理をめぐる紛争を受けて、州森林施業委員会は1982年には州立公園周辺での施業規制強化・河川への土砂流入の防止・薬剤散布の規制等を盛り込んだ森林施業規則の改正を行ったほか、各林産企業もサケ生息域に配慮した施業を自主的に導入しはじめた。

2.3. TFW協定の成立

1980年代の前半には環境保護団体と先住民族は、森林施業規制強化という点で一致した利害をもつことを認識し、運動の共闘関係を築きはじめたが、特に両者

の関心の一致をみた複合的要因による環境への影響（Cumulative Effect；以下複合的影響）の回避と河畔林保護を施業規則に盛り込むことが運動の中心となった。

　複合的影響とは複数の森林施業が生態系のプロセスと複合して環境に影響を与えることで、例えば不安定斜面で伐採活動が行われ、降雨などによってここから土砂が河川に流失し、影響を受けやすいサケの産卵域が破壊されることなどを指す。複合的影響概念の導入によって、流域単位で森林施業による河川への影響を規制することに大きな役割を果たすことが期待された。この動きを受けて州森林施業委員会は1986年に河畔林保護と複合的影響を組み込んだ施業規則改正案を策定し、環境保護団体と先住民族はこれを支持した。しかし、サケ生息域保護に重要な河畔林は林産業界にとってみれば生産力の高い森林であり、林内に入り組んだ河川沿いに施業規制を受けることは施業コストを大きく引き上げることを意味したほか、複合的影響の規制も伐採規制を受ける面積を増加させることは明白であった。このため林産業界がこれら規制導入に反対の態度をとったため、対立が再び激化し、訴訟に発展する可能性もでてきた。

　1970年代から繰り返されてきた対立と訴訟のなかで、環境保護団体・先住民族ともに重要な訴訟に勝ちながらも生態系保全にむけた施業規制の強化という点で限定した成果しか得られず、また林産資本は莫大な訴訟関連費用の負担と今後の施業規制の動向を予測できないという森林経営上の大きな障害を抱えてきた。こうした構図が再度繰り返されることを懸念した先住民族と林産企業のリーダーは、話し合いによる解決を図ることを提案、州政府・環境保護団体・先住民族・森林所有者の間で北西部再生可能資源センターを調停者として、森林施業規制のあり方について合意を形成しようとすることで意見が一致し、1986年6月から交渉に入った。[85] この交渉への参加団体は以下のとおりである。

　州政府：DNR・環境局・魚類野生生物局
　環境保護団体：ワシントン環境協議会・オーデュボン協会ワシントン支部
　先住民族：各部族・漁業問題を扱う各部族の連合組織である北西部インディアン漁業協会
　森林所有者：林産資本など大規模所有者を中心とする森林所有者団体であるワシントン森林保護協会・小規模森林所有者の団体であるワシントンファームフォレストリー協会

約半年に及ぶ交渉の結果、1987年2月にTFW協定が全参加者の支持のもとで成立した。TFW協定は「活力ある林産業の要請に応えながら、魚・野生生物・水などの公共資源と先住民族の文化資源の保護を図るため、州の森林を良好に管理する枠組み・プロセス・要件を提供する」[86]もので、協定の内容は大きく分けて規制実行のあり方と規制内容に関する基本的な方向性との2つからなっている。

　前者に関していえば、DNRに対して州有林管理部門の一部であった森林施業規制部門を組織的に独立させ、強化させることなどを提言している。これまで森林施業規制は州有林管理組織が担当していたが、州有林はトラスト財産として最大限の木材販売収入をあげようとしているため、森林施業規制が大きく歪められてきたという批判がされていた。そこで両機能を組織的に分離して、施業規制の中立性・信頼性を確保しようとしたのである。

　また後者については、森林施業に関する各項目ごとに考慮すべき点と講ずべき手段について述べているが、特にサケ生息域保全について詳細な提案を行っている。その主要点をまとめると、林道の計画・建設にあたって河川への土砂流出を最低限に抑えるための規制、河畔林・湿地周辺の森林伐採の禁止・規制、不安定斜面の特定とそこでの施業規制の上乗せ、河川周辺での薬剤散布の禁止・規制、さらに流域を単位として施業のあり方を総合的に調整することなどであり、かなり包括的な保全手段を提起していることがわかる。

　ただし、TFW協定は公的なものではなく、この協定自体に法令にかわる強制力があるわけではないため、施業規則の改正や行政組織改組などは改めて正規の政策形成過程を経て最終決定されることとなる。

　もうひとつこの協定で重要なことは協定への参加者が引き続き協定の実行と改善のために継続的な努力を行うこととしている点であるが、これについては4で詳しく論じることとする。

　なお以下の記述では、TFW参加者を総称してTFWグループ、TFWのプロセス全体をTFWと称することとする。

2.4. TFW成立の条件

　世界最大級の国際林産資本ウエアハウザー社の本社があることにも示されるよ

うに、豊富で良質な森林資源に恵まれたワシントン州において、林産業界は大きな社会的・経済的・政治的な力をもっている。このように環境ADRに参加する特定のメンバーが強い力をもっている場合、「公平」な決定をもたらすことができず、強者が弱者を籠絡しがちであることが知られている。対立する人々がテーブルにつくといっても、政治力・資金力や専門的知識を豊富にもつ参加者とこうした力をもたない参加者が対等な立場で交渉に臨めるわけはなく、このため一般にADRはある程度力がそろった組織の間でしか有効に成立し得ないのである。[87]

TFWにおいて強大な林産業界を相手として環境ADRが機能した条件としては、まず第1に先住民族の自然資源に関する権利が明確に認められ、先住民の権利の保護という「正義」をうしろ立てにすることができたことがあげられる。このため先住民族は政治的・社会的に極めて強い「力」を獲得したのであり、交渉の場において主導権を握る可能性をもったのである。第2には森林生態系保全に対する社会の関心が高まってきたことがあげられる。前述のように1980年代後半のワシントン州は連邦有林におけるニシヨコジマフクロウ及び原生林保護運動が高揚した時期であり、こうした追い風を受けて環境保護運動が交渉力を発揮することができるようになったのである。さらに、この両者が共闘関係を形成したことは森林施業規制を進める力をより大きくしたといえる。第3に、州政府機関のうち環境局及び魚類野生生物局が資源保全のために、両者を支持する立場で交渉に参加したことも大きな役割を果たした。幅広い州民の支持を得た環境保護団体、自然資源に対する強固な権利をもつ先住民族、そしてフルタイムの専門家を多数雇用する州政府の3者が補完関係を築くことによって林産業界との間に一定の政治的・社会的・科学的力量のバランスを形成することができたのである。[88]

このほかに各参加者は次のようなTFW参加への動機をもっていた。

まず森林所有者であるが、訴訟に対応するためには膨大な資金を投入することが必要であり、経営上の重圧となっていた。また先住民族・環境保護団体の運動や裁判によってしばしば伐採などがストップさせられ森林経営に不確実性を抱えているほか、森林破壊者という企業イメージがさらに広がることを恐れていた。

一方、環境保護団体は、裁判で勝訴しても州全体に広がる問題の一部の解決にしかならず、森林生態系の保全や修復は遅々として進まないため、森林所有者と多少の妥協をしても具体的な成果にむけた行動を約束させることが重要となって

いた。またTFWに参加することで、州の森林政策形成における抗議者としての位置を脱却し、政策形成に関わる地位を獲得しようとした。

　これに対して先住民族は、自然資源の権利問題で勝訴した一方、例えばサケ漁業権が裁判で認められたことに対して漁業者から強い反発が出るなど、「勝ちすぎ」とみられて社会的な反感が現れる懸念を感じはじめており、その「正当性」を維持するためには柔軟な対応を行い、交渉による「軟着陸点」を探し出したいという要求があった。また環境保護団体と同様、サケ生息域保護のために多少の妥協をしてもなるべく早く規制を実現することを望んだ。

　また、州政府であるが、環境局・魚類野生生物局はサケ資源保全や森林生態系保全に関して具体的な成果をあげることを、またDNRも紛争を回避して安定的な政策基盤を形成することを望んでおり、TFWを積極的に支援しようとしたのである。

3.　森林施業規制の内容としくみ

　上述のような森林施業規制の形成過程を反映して、規制の中心的な課題はサケ生息域保全とされた。TFWの内容をさらに詳細にみる前に、ここではサケ生息域保全を中心に森林施業規則がどのような規制手段を講じているのか、またそれをどのように実行しているのかについて整理しておこう。

3.1.　森林施業規則の内容

　まずすべての森林施業行為は、水・魚・野生生物・橋梁など政府による資本投資の4種の「公共資源（Public Resources）」に対して与える影響の大きさによって5つのカテゴリーに分類される（表7-1）。公共資源に直接の影響がない施業はクラス1で施業申請の必要はなく、最も強い影響を与えるクラス4特別は、州環境政策法に基づく審査を必要とする。

　施業規則は、流域分析、道路建設・維持、森林伐採、造林、薬剤散布の各分野ごとに詳細な規定を置いているが、流域分析以外の内容を簡単にまとめてみると以下のようになる。

表7-1 ワシントン州森林施業規制規則による施業分類

分類	審査	施業の内容
クラス1	必要としない	公共資源に対する影響のない施業；除伐、造林、林道維持作業など
クラス2	届出制、届出後5日以降に実行可	公共資源に対する影響の少ない施業；河畔管理域を含まない地域での16ヘクタール以下の伐採や林道建設など
クラス3	許可制	クラス1・2・4以外の施業
クラス4一般	州環境政策法に基づく審査の必要性を検討し、必要であれば審査を行う。必要ない場合はクラス3に同じ	林地転用の予定がある場所でのクラス3の施業
クラス4特別	州環境政策法に基づく審査を行い、必要な場合環境アセスメントを行う	薬剤の空中散布、絶滅危惧種生息域内での施業、公園内での林道建設、流域分析で影響を受けやすいとされた地域での施業

表7-2 河畔管理域の範囲と規制内容

河川のタイプ[注1]と幅	最大幅	残存させるべき樹木 針葉樹:広葉樹の比率、残存させる樹木の最低胸高直径	河畔管理域の長さ1000フィートあたりの最低残存樹木本数[注2]	河畔管理域の最低幅*	伐採上の規制*
1および2かつ75フィート以上	100フィート	原植生と同様のものが残るようにする	50(20)	(1)湿地性の植生がなくなる地点 (2)河川の水温上昇を防止するに十分な幅 (3)片側25フィート以上(1)(2)(3)のうち最も広いもの	(1)最低限50%の樹木を伐採による被害を受けないで残存させる (2)残存木はできる限りランダムに分散させる (3)作業にあたって下層植生、根系への影響の回避 (4)水温上昇などへの影響がないようにする
1および2かつ75フィート以下	75フィート	原植生と同様のものが残るようにする	100(50)		
3 5フィート以上	50フィート	2対1、12インチ	75(25)		
3 5フィート以下	25フィート	1対1、6インチ	25(25)		

注1：河川のタイプは5つに分類されている
　　タイプ1－州海岸・河岸管理法によって規定される重要な河川
　　タイプ2－魚類・野生生物・人間による利用度が高くタイプ1に含まれない河川
　　タイプ3－中程度の魚類・野生生物・人間による利用がありタイプ1・2に分類されない河川
　　タイプ4－タイプ1・2・3に分類されず下流の水質保全のために指定される幅2フィート以上の河川
　　タイプ5－タイプ1・2・3・4以外の河川
　　河畔管理域はタイプ1・2・3の河川に対してのみ設定されるが、公共資源を守るために重要なタイプ4河川に対しても片側25フィートの幅で河畔林保存域を設けて伐採を規制することができる
注2：河底が径10インチ未満の礫からなる場合はカッコ内に示す基準による
＊印の列のすべての項目は、すべての河川タイプと幅区分にあてはまる

写真7-1　大面積の皆伐は行われているが、河畔林だけは残されている。

　林道建設・維持：計画に際しては河畔・湿地への影響を最小限にし、河川の横断をできる限り避ける。橋梁や暗渠の建設に際しては50年確率の洪水も阻害することなく流下させられるようにする。林道建設に際しては土砂流出をできるだけ避け、侵食防止などの維持作業を適切に行う。

　伐採：表7-2に示したように河畔管理域を設けて魚類の生息域の保全を図る。河川・湿地への重機の乗り入れは基本的に禁止、河畔管理域での利用もDNRの指示に従う。河川・湿地にむかって伐倒したり、水流内で樹皮を剥くことを禁止。

　造林：伐採跡地への造林の義務づけ。

　薬剤：河川・湿地周辺への空中散布の禁止、河畔林への散布は人力に限定、河川・湿地周辺での薬剤保管の禁止。

　本規則において最もユニークなものは、複合的影響を回避するために設定された流域分析なのでこれについて少し詳しくみてみよう。流域分析は、州全体を4000〜2万ヘクタールの面積をもつ流域に区分し、それぞれの流域ごとに資源状況の総合的な評価や、水・土砂移動や斜面の不安定性など河川環境に影響を与える複合的影響に関わる諸要因についての評価を行うことを目的としており、各流

表7-3 流域分析に基づく施業審査基準マトリックス

公共資源の影響の受けやすさ	施業行為が公共資源に与える影響の予測される大きさ		
	低い	中位	高い
低い	通常の基準で判断	通常の基準で判断	基本的に不許可
中位	通常の基準で判断	影響を最小限に抑えるようにする	基本的に不許可
高い	通常の基準で判断	基本的に不許可	基本的に不許可

域ごとに森林所有者とDNRが主体となって林学・水文学・土壌学・水産学・地形学の専門家からなるチームを結成し、住民の意見を反映させながら策定するものである。まず、各流域において施業行為による悪影響の起こりやすさ（施業行為によって水系へ土砂が流出する可能性等）について、「高」「中」「低」の評価を下し流域の地図に落とす。さらに上記の悪影響に対する公共資源の影響の受けやすさ（サケ産卵域等の土砂流出に対する抵抗性等）について、同様に3段階評価を行い地図に落とす。州の森林施業監督官は表7-3に示したようなマトリックスに基づいて申請された施業が与える複合的影響を審査し、河川環境に悪影響を及ぼすおそれのある申請に対しては不許可、あるいは条件つきの許可を下すのである[89]。このシステムは、複雑に絡み合う河川と森林施業の関係について、各流域特性の科学的な評価のうえに立って合理的な指針を策定している点で、TFWにおける議論のひとつの集大成ということができよう。

3.2. 規制を行うしくみ

森林施業申請の受理や許可を行うのは州の森林施業監督官であり、各監督官はそれぞれ受けもちの地域内の施業申請について判断を下す権限が与えられている。

施業を行おうとする人はすべて、決められた形式に従って申請書を提出することが義務づけられており、これをクラス分類専門職員がコンピューター入力したうえでクラス分けし、地域ごとの担当監督官のもとに送る。これをもとに監督官

はGISデータを利用したり現地調査を行ったりして詳細な検討を行い、クラス3・4については許可・不許可あるいは条件つき許可の判断を下し、条件の内容についても詳細に記載を行う。それゆえ森林施業規則のなかの「林道設計にあたってはなるべく水流を横切らないようにする」といった一般的な規定も、林道建設の申請の際に監督官の判断基準として林道の設計変更といった条件づけや不許可の根拠となりうるのである。クラス4特別に分類されたものも州環境アセスメントセンターにおいて詳細な分析を行い、これをもとに監督官が判断を下している。

このように監督官は自分の受けもち地域内においてはほぼ絶対的な権限をもっているのであり、その判断の公正さを維持し、監督官による判断基準の相違を解消するため定期的に監督官が会合を開いて情報交換と議論を行っている。また監督官は申請の審査にあたって技術的に判断できないことがある場合には、多分野の専門家からなるチームを召集して専門的な検討にあたらせる権限をもっている。なお、一人の監督官が処理する施業申請の件数は月間約30〜40件といわれている。

なお施業申請の許可または不許可によって不利益を受ける者は、誰でも森林施業不服審査委員会に再審査を申し出ることができ、さらに委員会の判断に不服のある場合は訴訟を起こすことができる。

以上が施業申請審査に関する枠組みであるが、ここで指摘しておかなければならないのは、施業申請やその審査結果はすべて公表されていることである。特に関係する先住民族に対しては、施業申請とその審査結果を告知することを義務づけており、申請区域に先住民族文化遺産が含まれている場合は、その保護のための計画を講じさせる交渉を行う権利を与えている。またワシントン環境協議会もスタッフやボランティアなどを組織して、申請・審査結果に関する情報を収集し、不適切な審査が行われていないかどうかをチェックしている。

以上のようにワシントン州では、具体的かつ詳細な規則、州政府による実質的な施業審査、審査過程に対する先住民族・州民のチェックによって、サケ資源保全のための施業規制を有効に機能させる枠組みが形成されているのである。

4. 継続的過程としてのTFW

　TFW協定に基づいて、グループ内の合意が比較的容易に形成できた河畔林保護や先住民族の文化遺産の保護については、1987年の施業規則の改正に組み込まれたほか、1990年にDNRの森林施業監督組織が州有林管理組織から分離独立し、強化された。さらにその後もTFWグループは継続的な協議を行い、1987年の改正で積み残した複合的影響、湿地保護、皆伐面積制限、河川水流温度規制などについて、1992年の規則改正に組み込むことや、ニシヨコジマフクロウをはじめとする絶滅危惧種の生息域保護に関する規則改定に主導的な役割を果たした。さらに施業規則を実行するためのマニュアルづくりやその改訂にも継続的に関わってきている。

　このようなプロセスを可能とさせたのは、TFW協定がその具体化と内容のさらなる改善を進めるしくみを内包していたことによる。そこで本節では本章冒頭に述べた森林施業規制をめぐる3つの課題をTFWが継続的過程のなかでどのように解決し、協定の具体化を進めてきたのか、そしてそれを支えている条件は何だったのかについて明らかにしたい。

4.1. TFWはどのように森林施業規制の3つの課題にアプローチしたのか

経験の蓄積や研究の進展にあわせて継続的な合意形成を可能とさせたしくみ

　TFW協定は森林施業に関するすべての方向性を規定したものではなく、TFWグループを最低8年間存続させ、研究・データ蓄積・モニタリングを基礎とした継続的な対話を通して森林施業規制のあり方とその具体化を検討することとした。そのため、全体を統括し具体的な政策形成を行うための政策グループのもとに、研究・モニタリングを行うための専門家・研究者からなる共同モニタリング・研究委員会、訓練・情報・教育委員会、現場検討委員会を設置した。[90]

　この継続的過程の基本となっている考え方は、これまでも繰り返し述べてきた適応型管理と呼ばれるものである。TFW協定において適応型管理実行の中心となったのは共同モニタリング・研究委員会であり、各参加団体から集まった専門

家や研究者が課題に対するデータの蓄積や研究を行い、生態系を保全するための合理的な規制の根拠や望ましい施業のあり方を策定する基礎作業を行ってきた。すなわち、森林施業のあり方をめぐる議論を政治的な駆け引きに終わらせないため、それぞれの参加団体の立場を代表する専門家が、フィールドから集められたデータをもとに議論を繰り返し、これまでの施業による影響や施業規制の有効性を解明するなかで、科学的根拠をもった施業及びその規制のあり方に関する合意を形成し、政策グループに提示するという役割を担ってきたのである。

また森林施業規則はDNRに対して、規則の実施と所有者による自発的な施業行為に関するアセスメント結果を州森林施業委員会に毎年報告し、またその結果から施業規則の改正が必要と認めたときには委員会に規則改正の提案をすることを義務づけており、規則自体に適応型管理の考え方が組み込まれていることにも注目する必要がある。

森林の多様性を反映するしくみ

森林は場所による多様性が高く、また施業行為も様々であるため、一律の規制によって問題が解決されないケースや既定の基準ではその適否が判断できないケースが必然的に生じる。これに対してTFW協定は現場での討議を重視しており、関連する分野の専門家からなるチーム（IDチーム）を組織して、現地調査をもとにして施業が与える影響についての検討を行い、これに基づいて当該地域の森林施業のあり方について判断することとしている。IDチームの参加者には専門性や経験に関して資格要件を設けてその信頼性を確保するとともに、IDチームが現場に即した検討を行うことによって、規則の機械的適用では解決できない各地域の特性に応じた科学的な判断を可能とさせているのである。

ただし、TFWをめぐる財政状況が厳しくなってきていることから、IDチームの組織は次第に低調になってきており、多様性に対してきめ細かな対応ができているとはいいがたい状況となっている。

所有者の自発性を確保するしくみ

所有者の自発性を確保するうえで最も重要なことは、林産企業やワシントン森林保護協会などから派遣される専門家が施業規制の合理性に関して議論を行って

写真7-2 林産企業が自社経営林に立てた看板で、これまでの森林管理の経緯が記されている。このような看板が道路沿いのあちこちに立てられており、林産企業が、きちんと森林を管理していることを州民にアピールしようとしている。

おり、この過程で生態系保全に必要な措置について、一定の理解が森林所有者グループ内で形成されていることである。

　また森林所有者の施業規制に対する基本的な態度は、経営を束縛する施業規則の強化をなるべく避けて所有者の自主性に委ねられる部分をなるべく残したいが、一方で環境保護団体や先住民族の反発を招くような事態は極力回避したいというものである。これに対して環境保護団体や先住民族の側は、生態系保全を確保するために規則の強化を図ることを目標とするが、これにこだわって規則強化の導入に失敗したり所有者のサボタージュを招くことも回避しなければならない。そこで両者間の交渉によって規則強化に関する合意点を見いだし、さらにそれを上回る規制については自主性にまかせるという形で決着をつける場合が多い。紛争を回避したい所有者は規則を遵守するとともに、自主性にまかされた部分についても環境保護団体や先住民族と内容を個別協議してできる限り実行し、彼らを刺激するような施業はなるべく回避する行動をとるのである。

4.2. 継続的な合意形成過程を成立させた条件について

さて、TFWグループは森林施業規制が内包する困難な問題にアプローチするために、上述のように継続的過程をシステム化した。しかし科学的検討を基礎とした継続的な交渉は、参加者に対して極めて重い金銭的・人的な負担を付加する。TFWグループはどのようにこの問題を解決したのであろうか。

まず第1にあげなければならないのは財政的な手当てである。TFW協定成立に伴って、州議会は州の各機関がTFWに対応するためのスタッフ雇用など、組織的整備を行うために450万ドルを予算化した。また連邦政府は先住民族がTFW協定を実行するための資金として200万ドルを予算化し、北西部インディアン漁業協会や各部族に分配しており、これは金額の変化はあるものの現在まで続いている。環境保護団体も財団などから75万ドルの補助金を獲得しスタッフの強化などを図った。[91]

第2に専門家集団の形成があげられる。州環境局や魚類野生生物局は専門のスタッフ・専門家を数多く雇用しており、魚類の保全や水質保全についての研究や知識の蓄積を行ってきていた。先住民族も1970年代からサケ資源管理と生息域保全のために専門スタッフを雇用してデータの蓄積を行ってきており、さらに上述の連邦資金を活用してスタッフの拡充を図り、今日までに各部族で複数以上の、また北西部インディアン漁業協会では60名に及ぶ魚類生物専門家や生態学の専門家が活動するようになっている。また大規模林産企業は森林破壊者という世論の批判をかわすために野生生物等の専門家を雇用し、社有林経営計画の策定に参加させてきた。こうした専門家集団の存在が森林生態系と施業の影響に関する科学的な議論と、この議論に基づく森林施業のあり方に関する提言を可能とさせたのである。

第3に長時間にわたる政策グループの議論に時間を割くことができる人々の存在がある。州政府・大規模社有林・先住民族はTFW担当の職員を決めて業務の一環としてその時間的保障をしているほか、森林所有者についてはワシントン森林保護協会・ワシントンファームフォレストリー協会、先住民族については北西部インディアン漁業協会がそれぞれグループ内の意見のとりまとめと事務的な負担を負っている。また環境保護団体ではワシントン環境協議会がフルタイムの弁

護士と専任のボランティアをTFWに従事させている。

5. TFWにおける環境ADRの限界

以上のようにTFWは森林施業規制形成にむけて継続的合意形成のシステムを構築するという新しい地平を築いてきた。しかし、環境ADRそのものに起因する限界がTFWにもそのまま現れており、大きな問題として残されている。

5.1. 弱者の参加の限定

まず第1の問題点は、弱小の参加者の意見が軽視されがち、ないし強大な参加者に籠絡されがちであるという点である。環境保護団体と先住民族が共闘して開発サイドとの間に一定の力の均衡をつくり出したTFWにおいても、この問題は以下のような点で存在し、TFWそのものの成立基盤を脅かしている。

TFWにおいて環境保護団体は先住民族と共闘態勢を形成することによって強大な林産業界に対抗してきた。しかしサケ資源の保全に力点を置く先住民族に対して、環境保護団体は野生生物管理など幅広い生態系保全をめざしており、こうした分野については独自のスタッフをそろえて交渉をリードすることが必要とされる。しかし、環境保護団体は財政力が弱く財団等からの獲得資金額は減少の一途をたどっている。このため林産業界に対抗して専門スタッフを雇用し、独自提案を対置させることができず、サケ資源保全対策の進展に比して野生生物保全対策が進まないことに大きな不満を抱いている。

また小規模森林所有者団体であるワシントンファームフォレストリー協会は、林産業界と規制強化反対という点で主張を共有するため、ワシントン森林保護協会と共闘しているものの、施業規制の影響は経営体質の弱い小規模森林所有者に対してより深刻な影響を与えるため、規制の実施にあたって特別な配慮を求めている。しかしワシントンファームフォレストリー協会の政治的・社会的・財政的力量は、環境保護団体に比べてもはるかに弱体であるため、規制を一律に強化させたい先住民族・環境保護団体と、規制強化への一定の対応力がある林産業界との間の一致点でTFWグループの方針決定が行われ、小規模森林所有者への配慮

は文面上に終わることが多い。森林所有者に対する補助金も極めて限られているため、施業規制による負担を強いられる小規模所有者の経営意欲の喪失が問題となってきている。

5.2. 地域資源管理視点の欠如

　第2の問題は、第1の問題から派生するものであるが、TFWは地域的な多様性について配慮を示しつつも、地域を主体とした資源管理の視点を欠如しているという点である。

　TFWは州政府・環境保護団体・先住民族・森林所有者の四者によって開始されたが、1991年に成立した州成長管理法（Growth Management Act）が、カウンティーに林地転用など土地利用規制に関する権限を与えたことから、カウンティーをTFWグループに組み入れた。これまでTFWは地域的多様性を考慮しつつも全州的な規制を協議していたのに対して、カウンティーがメンバーとして認められたことは地域資源管理の観点を組み入れる可能性が生じたとみることができる。

　しかし、シアトルのような大都市を抱えて土地利用規制に積極的なカウンティーと、山村地域を抱えて経済不振にあえぎ森林開発を進めたいカウンティーとの間には大きな意見の相違が存在し、カウンティーとしてまとまってTFWの交渉過程で意見を述べるということは不可能である。このためカウンティーは参加者として名を連ねていながらも、実質的に討議に参加してその意見を反映できるような状況にはなっていない。

　サケ資源の保全に関しては単に森林施業を規制するだけではなく、これまで破壊されてきた生息域の修復・復元が必要となるが、そのすべてを所有者に自主的に行わせることは不可能であり、地域を基礎とした人々の共同作業が必要とされる。しかしTFWは大きくみれば林産業界対環境保護・先住民族連合のバランスのもとに成立しており、地域社会や小規模森林所有者を主体とした、下からの地域資源管理の試みを形成させる動機づけが欠如しているのである。

5.3. 市民参加の不在

　第3の問題はTFWが公的空間と私的空間の狭間に存在していることから生じる。TFWはボランタリーな組織として存在しており、その決定は何ら公的な強制力をもつものではない。しかし専門家集団と豊富なデータ・経験・研究の蓄積をもち、州政府機関・森林所有者・先住民族・環境保護団体という州森林政策形成の主たる関係者が参加したうえで合意を形成してきているTFWは、州の森林施業規制政策形成の基本を担うようになっている。森林施業規則の最終決定権をもつ州森林施業委員会もTFWの提言に依存するようになってきており、TFW協定成立以降に行われた施業規則改正や州森林施業委員会のマニュアル作成のほとんどは、TFWグループが基礎的な作業を行い具体案を作成しているのである。

　規則改定など最終的な決定は州森林施業委員会など公的な機関によって、環境アセスメント等の手続きに従い、市民参加のもとで行われるのであるが、上記のような状況のもとでTFWにおいて設定された方針がほとんど変更を受けることなしに決定されてきている。市民参加制度も機械的に適用される傾向が強く、「一般市民」を積極的に政策形成過程に参画させようとする努力はほとんど行われていない。TFWという私的な協議プロセスが州の森林施業政策形成を実質的に掌握する状況が生じているのである。[92] TFWグループ自身もグループ以外の一般市民の参加や少数意見の反映に大きな問題を抱えていることを認めてはいる。[93] しかしTFWのメンバーをさらに拡大したり、一般市民の参加機会を積極的に設けることに対しては、TFWを公的機関化させるだけではなく合意形成をさらに困難なものとし、ADRそのものが機能しなくなるとして否定的な態度をとっている。

6. 流域管理にむけて

　ワシントン州における森林施業の規制に関して、環境ADRは一定の成果をもたらした。特にTFWが適応型管理の思想を取り入れて、継続的な合意形成を行うシステムを形成することによって、環境ADRが単に個別紛争への対応に限られない可能性をもつことを示したことは大きな成果である。

　一方、弱小の参加者の軽視や地域資源管理の発想を組み入れることができない

という問題は解決できないまま今日まで残されている。これら問題は環境ADRそのものの性格に起因するために、TFWのプロセスの改良によって解決することは根本的に不可能と考えられる。1998年半ばには、自分たちの主張が十分反映されてこなかったという不満を強く抱えていた環境保護団体は、TFWから脱退することを決定し、TFWは大きく変質してしまった。サケが絶滅危惧種に本格的に指定されはじめたことを受けて、TFWでもより根本的な対策を策定する作業を始めたが、このなかで環境保護団体はTFWのなかにとどまってこれ以上妥協するよりは、TFWを脱退して主張を貫くべきであるという選択を下したのである。環境保護団体以外のTFWグループは作業を継続しているが、その「正統性」はますます揺らぐことになる。TFWという私的な協議プロセスが公的な政策形成過程を掌握してきているということの問題点を指摘したが、州民から大きな支持を受けている環境保護団体がTFWからぬけることによって、この問題がより深刻化してしまったのである。

　さて、これに対して合衆国では流域単位での自然資源管理が注目を集めてきている[94]。ワシントン州においても流域保全を目的とした環境保護団体やNPOが各地で設立されはじめているほか、州政府も流域保全にむけた取り組みを本格化させてきている。流域管理は、広範な市民の参加を獲得し、地域資源管理の立場から生態系の修復・復元を積極的に行うなど、先に述べたTFWの限界をカバーする性格をもっている。州全体を対象として施業規制の形成にあたるTFWという環境ADRのプロセスと、下からの資源管理を試みようとしている流域協議会というパートナーシップは、補足しあいながら新しいワシントン州の森林、さらには自然資源を管理するしくみを構築する可能性をもっている。権力的になりやすい規制行政を、合意と参加を基本として科学に基づく合理的な森林環境保全政策へと転換するうえで、ADRは大きな役割を果たしてきたが、さらにその限界を乗り越える可能性をもったパートナーシップが下から育ちつつあるところに、ワシントン州の生態系保全の新しい展望がある。こうした流域保全の取り組みについて章を改めて詳しく述べることとする。

第8章 エコシステムマネジメントの収斂としての流域管理

1. 注目を集める流域管理

　これまで連邦有林管理、私有林における施業規制を事例として、エコシステムマネジメントというパラダイムの転換がどのように生まれ、展開し、現在どのような課題に直面しているのかについて論じてきた。
　エコシステムマネジメントは広域生態系の包括的な管理を焦点としているだけに、土地所有の枠を超えて、その地域に住む人々の共同によってはじめて可能となるものであり、個別の部分のみでエコシステムマネジメントの原則を導入してその目的が達成できるわけではない。連邦有地の管理において森林局や国立公園局、さらには魚類野生生物局などが連携してニシヨコジマフクロウなど絶滅危惧種の保護にむけて取り組むことができても、周辺に存在する私有林や私有地で無秩序な開発が行われたら十分な効果をあげることができない。また、私有林においてサケを保全するための施業規制を行うことに成功しても、単に所有者を締めつけるだけなら、劣化した生息域を回復させるなど共同関係の構築を必要とする自然資源管理を行うことは期待できないのである。
　こうしたなかでエコシステムマネジメントのひとつの焦点が、流域を単位とした資源管理に集まりはじめている。
　その理由としては、第1に流域が水系を中心として分水嶺という明確な境界をもって認識できる生態系のまとまりであるということがあげられる。広域生態系といっても何に焦点を当てるかによってその境界を定めるのが難しいなかで、流域というのは誰でもわかりやすい生態系のまとまりになっている。第2に流域と

いうまとまりは多くの物理的プロセス——例えば水移動・土砂移動——のまとまりでもあり、これらのプロセスと生態系を統一して考える場として最も適当であることが指摘できる。第3に近年水圏生態系と陸上生態系の結びつきの重要性が注目されているが、この結びつきを管理システムに取り込むために流域という単位は適合的である。第4に流域というものは水のつながりを通して人々にとって意識しやすい、あるいは理解しやすい単位であることがあげられる。このため土地所有を超えた協力関係や、利害関係者の共同関係が比較的つくりやすいのである。

　もちろんエコシステムマネジメントをめぐるすべての課題が流域を単位として解決できるわけではないが、エコシステムマネジメントを実行する基礎としての流域の重要性は多くの研究者や専門家が一致して認めるところになっている。だからこそ連邦政府の初めての大規模なエコシステムマネジメントの実験である北西部森林計画は流域を計画の基礎単位としたし、全国の森林施業規制で最も先駆的といわれるワシントン州の森林施業規制も流域を重要な概念として構想されてきたのである。そして、現在合衆国各地で流域保全にむけた取り組みが様々なレベルで行われるようになってきている。

　そこで本章では合衆国における流域管理について、以下のような課題を明らかにしたい。第1に上記のように研究者らによって理論的にエコシステムマネジメントの重要な単位として措定された流域管理が、どのような理由で社会的に注目され、具体的な政策・運動として活発化してきたのかについてみる。ここでは原生林や身近な自然の保護といった具体的な対象を超えて、抽象的な流域という対象に焦点が当てられた要因についてみてみたい。第2に流域管理を具体化させるための政策的な枠組みと、流域管理にむけた住民運動の展開について明らかにする。政策的な枠組みとしては、連邦・地方という政府レベル別、規制・誘導・事業といった手法別に整理しつつ、住民運動については個別的運動の組織化に焦点を当てて論じることとする。さらに第3に、以上のような政策的枠組みと運動の展開のうえに立って、流域管理がどのように実行されているのかを具体的な実例に即して明らかにする。流域管理といっても地域の自然・社会条件を反映して、その内容・目的は地域ごとに大きく異なっている。本章では、サケ科魚類の保全が流域保全の共通課題となっているアメリカ合衆国西海岸、とりわけワシントン

州のカスケード山脈以西を中心として分析を行う。

2. なぜ流域管理なのか

　流域管理に注目が集まった理由として第1にあげられるのは、生態学の発展に伴って生態系の複雑な連関が明らかになり、生態系の劣化を対症療法的に取り扱っていても根本的な解決を望めないことが認識されはじめたことである。[95] 例えばサケの保全に関していえば、単にダムに魚道をつけたり、産業・生活廃水による水質汚染を規制するだけでは十分ではなく、産卵域の保護、河畔林保全による水温維持・栄養分の供給、伐採・林道作設に伴う細粒土砂の流出防止、流水量の維持など流域全体での土地利用を含めた対策が必要とされることが明らかになり、この認識が環境行政や環境保全運動に関わる人々の間で次第に共有されるようになってきた。これに対してこれまでの行政は河川、森林、魚類といった縦割りで組織されており、また環境保全に関わるNGOも個別問題ごとに組織されていることが多く、流域管理に有効に取り組めないため、縦割り組織を超えた流域保全の枠組みづくりが注目されたのである。

　第2に指摘できることは、サケ資源の保全・回復という流域を単位とした取り組みが州民の共通の関心となっていることである。[96] この地域はもともと豊富なサケ資源を有し、先住民の生活にとっても重要な位置を占めていた。しかし19世紀中葉以降の乱獲と、河川の水質悪化、開発による生息域破壊などにより回帰量は急速に減少してきた。住民は地域のシンボルのひとつとして、また釣りなどのレクリエーション資源のひとつとしてサケに強い愛着をもっていたため、資源の劣化に強い懸念をもち、その保全・回復が共通の関心となってきたのである。

　サケが共通の関心となったことには前章で述べたような2つの政治的な背景もある。ひとつは先住民のサケ資源に対する権利が、1970年代に裁判において認められたことである。このなかで先住民族はサケ漁獲量の半分の権利とサケ資源の管理者として州政府と同等の地位を認められただけではなく、生息域破壊による資源量の減少も先住民族の権利侵害であると認められたため、サケ資源の保全が先住民の権利保護という政治的に重要な課題と直接リンクすることになったのである。

2点目は、前章で述べたように州内各地でサケ科魚類が絶滅危惧種に指定されつつあることである。合衆国の絶滅危惧種法は種の保護のために極めて強い規制措置を提供しており、絶滅危惧種に指定された場合、個体の捕獲が禁止されることはもちろんのこと、生息域の破壊につながる行為も厳しく規制される。サケ科魚類が絶滅危惧種に指定されると捕獲が禁止されるだけではなく、流域全体にわたって水質汚染防止や河畔林保護など生息域保全が求められることとなり、この地域の重要な産業である水産業やスポーツフィッシング関連産業が直接的な打撃を受けるほか、農林業やさらには流域住民の日常生活まで大きな影響を受けることが予測された。このため絶滅危惧種への指定を回避することが政治経済的に重要な課題となり、積極的なサケ保全政策を展開するための社会的な合意が形成されたのである。

　第3にあげられるのは環境保全をめぐって繰り返された不毛な対立への反省である。ワシントン州を含む合衆国北西部では、1980年代に入って原生林の保護をめぐる環境保護団体と林産業界・森林局の対立が激化したが、両者の間での建設的な議論が形成されることがないまま、最終的にはクリントン大統領が介入して生態系保全にむけて大きく舵を切った解決策を上から押しつける形で問題を決着させた。このため対立は対立として残存し、相互不信・行政への不信が一層深化し、新しい方向性が打ち出されてもその実施のあり方をめぐって対立が果てしもなく続くという状況になってしまったのである。こうした過程のなかで、単なる対立は何も生み出さないこと、社会的合意の基礎のない政策転換は新たな対立を生み出すだけであることが認識されるようになってきた。また原生林保護問題は、対立が深刻化し政治問題化するにつれて、遠く離れた首都ワシントンDCに議論と決定の場が移っていったため、地域の問題を地域として決定することの重要性も改めて認識された。地域を基礎とした多様な利害関係者の協力による地域資源管理が強く求められるようになり、流域管理が注目を集めるようになったのである。

　このように、自然資源管理の新しい考え方の登場、サケ保全という明確な共通関心の存在、建設的な環境問題解決方向の希求というそれぞれの流れが流域保全へと収斂し、新しい自然資源管理とそれを支える社会のあり方を共同で探る動きが本格化したのである。

3. 連邦政府における流域管理への取り組み

　第6章で述べたように、アメリカ合衆国では連邦有地以外の自然資源管理については州政府が重要な役割を果たしている。連邦政府の役割は政策の枠組みあるいは指針の設定といった分野を主体としており、実質的に現場レベルで政策を実行に移せるのは連邦政府の所有地である国有林などの管理行為に限られることが一般的である。[97] 本節ではこのような枠組みのもとでの連邦政府の流域管理への取り組みに関して、政策的枠組みの提示としての環境保護庁の流域保全アプローチ、連邦有地管理の一環としての、国有林における流域管理の事例を取り上げて述べることとしたい。

3.1. 環境保護庁の流域保全アプローチ

　連邦政府機関は1980年代の終わりから流域管理に積極的に取り組むようになってきたが、なかでも最も総合的な流域管理政策を打ち出しているのは環境保護庁であり、その焦点は水質保全に当てられている。

　環境保護庁は1977年に制定された水質保全法（Clean Water Act）に基づいて水質の保護・改善に取り組んできている。この法律は、水質保全の目的として魚類・野生生物などの生息域保護やレクリエーション機会の確保を含めているほか、点的な汚染（point source pollution）——工場排水など特定の場所からの汚染——にとどまらず、非点的な汚染（nonpoint source pollution）——農地からの農薬・肥料の流入や伐採地からの細粒土砂の流入など汚染源を特定の地点に絞れないもの——に関しても規制の対象としており、水環境を総合的に保全しようとしている点に特徴がある。

　しかし、実際に行われてきた政策は工場排水規制・農民支援・魚類生息域保全など縦割り行政のもとでの個別プログラムの寄せ集めでしかなく、上述の目標を達成することは困難であった。さらに、開発の進展は水質汚染の機構をますます複雑化させるとともに利害関係者も多様化させ、生態系保全を基礎とした総合的な対策が強く求められるようになってきたのである。

　このため環境保護庁は従来の方針を大きく転換する「流域保全アプローチ」

（The Watershed Protection Approach）を1992年に導入することとした。このアプローチでは水質の改善にむけて、①流域におけるすべての重要な問題を明確にし、②すべての利害関係者が問題の分析や解決策の作成・実行に関わり、③多様な主体が協調して実行に関わり、④永続的にモニタリングを行うこと等を提唱している。[*98]

　ここで注意しなければならないことは、流域保護アプローチは名称に示されているように、事業（プロジェクト）ではなく手法・方策（アプローチ）である点である。先にも述べたように、自然資源管理に関する基本的な権限を州が握り、また流域保全は地域主体で行われることが望ましい以上、トップダウン方式のやり方はなじまないし、そもそも流域全体を対象とした事業をひとつの官庁だけでカバーすることは不可能である。それゆえ環境保護庁は流域保全の必要性とその手法を提示することによって、州政府や地域を基礎とした流域保全活動を支援する手法をとったのである。

　このような具体的な事業の裏づけのない手法は、一見すると現場レベルでの実現性は極めて薄いように思えるが、必ずしもそうではない。まず第1に流域保全の必要性が水質保護や野生生物保全の観点などから州・自治体、さらには市民運動レベルで認識され、具体化されはじめているため、これらの運動を支援しつつ全国的に経験を普及することによって流域保全活動の活性化が期待できるのである。第2に、既に様々な連邦官庁において流域保全活動を進めるための補助金制度などが整備されてきており、州政府や土地所有者・市民が流域管理に取り組みやすい条件が整備されつつあることが指摘できる。環境保護庁は流域保全活動を支援するため、流域保全のための利用可能な連邦補助金リストを出版しているが、[99] これをみると多様な官庁から56にのぼる補助金が提供されている。表8-1にその代表的なものを掲載したが、各連邦官庁の事業自体が環境保全を配慮したものに転換していること、そしてこれら補助金の多くがNPOなども利用できるなど柔軟な運用のされ方をしていることがわかる。このような裏づけが環境保護庁の流域保全アプローチを実現性のあるものとしているのである。

---

*――こうした手法をとる理由としては、単に水質保全を進めるというだけではなく、多様な官庁が共同して取り組むことによって事業の効率化と行財政改革への貢献を図るということもあげられる。

表8-1　流域保全に関わる主要な連邦補助金一覧

種類	事業名	所轄官庁	98年予算（ドル）	応募対象	内容
土地保全	農地保全プログラム	農務省	19億2782万	土地を保有している個人、パートナーシップ、先住民、トラスト、州など	侵食防止・水質保全・野生生物生息地保護を目的として農地を長期的に保全するための支援
	野生生物生息地インセンティブプログラム	農務省	5000万	土地所有者	地区保全組織などと協議しつつ土地所有者が行う野生生物生息域保全への支援
	野生生物生息域修復パートナープログラム	内務省魚類野生生物局	1260万	保全を行う意志を表明した土地所有者	土地所有者が行う野生生物生息域修復への支援
	持続的発展促進補助	環境保護庁	500万	NPO、住民団体、先住民、地方政府	コミュニティーを基礎とした環境的・経済的に持続的な開発の形成援助（パートナーシップ形成など）
教育	持続的農業研究・教育	農務省	1億1400万	大学、研究機関、NPO、普及機関	環境保全型農業展開のための研究・教育の支援
環境正義	環境正義に関するコミュニティー・大学間協力補助プログラム	環境保護庁	200万	高等教育機関と地域コミュニティー・先住民	地域の環境問題に取り組むための住民団体・先住民と大学の協力関係形成援助
水産	スポーツフィッシング回復プログラム	内務省魚類野生生物局	2億4300万	州野生生物管理局	スポーツフィッシングの回復をめざした土地購入、研究、教育など諸活動援助
森林保全	共同林業援助プログラム	農務省森林局	1億5641万	州森林官を経由して州内非連邦森林所有者、NPOなど	多目的の森林利用や保全を目的とした共同プログラムへの援助
	林業誘導プログラム	農務省森林局	632.5万	10エーカー以上1000エーカー未満の森林所有者	将来の木材供給安定のために森林所有者の植林・保育行為の援助、野生生物生息域や水質保全も目的に含む
先住民	インディアン居留地での魚類・野生生物・公園プログラム	内務省インディアン局	2840万	先住民政府	魚類・野生生物・レクリエーション資源の保全・発展を通して先住民社会に貢献
汚染防止	環境の質の誘導プログラム	農務省	2億	農家	農家の自発的保全行為の援助
	流域保全および洪水防止プログラム	農務省	4000万	州・地方政府、自治体、保全区事務所、NPOなど	流域単位での自然資源・経済問題解決のための支援。流域保全・洪水・侵食防止・野生生物生息地保護などを含む
	ノンポイント実行プログラム	環境保護庁	1億	州、先住民。NPOは州政府に申請できる	ノンポイント汚染回避のための事業援助（優良経営育成、流域単位での土地所有者教育など）
	水質協力協定	環境保護庁	2000万	州水質保全部局、先住民、NPO	水質保全のための新しいアプローチの支援
湿地保全	湿地保護プログラム	農務省	1億6300万	湿地所有者	土地所有者の自発的な湿地修復及び保護支援（経済的なインセンティブによる、開発権の放棄など）

3.2. 森林局の流域保全アプローチ

　合衆国国有林を管轄する連邦森林局は、1980年代後半から激しくなった木材生産優先の経営に対する批判を受けて1990年代に入って方針を大きく転換し、連邦官庁としては最も早くエコシステムマネジメントを基本的な考え方として採用したが、具体化のひとつの焦点は流域管理に当てられている。

　北西部を中心とした森林生態系に関する研究の進展のなかで、河川などを中心とする水圏生態系と陸域生態系の密接な関係が明らかにされてきたため、河川との関わりにおいて森林を管理する試みが始められるようになり、1980年代後半には一部の地域において河畔域の取り扱いのガイドラインなども作成されていた。[100] こうした動きを決定的にしたのは、前述のような北西部国有林を舞台として生じた原生林の保護・開発紛争であり、紛争解決にむけた研究の深化のなかで、生物多様性を維持するうえでの水圏生態系保全の重要性がより明確となり、水圏生態系と陸域生態系を総合的に保全する方向性が提起されたのである。

　第4章で述べたように、北西部森林計画は「流域分析」（Watershed Analysis）と呼ばれる手法を導入したほか、[101] これに続くエコシステムマネジメント導入の基礎として行われたコロンビア川上流域、シエラネバダ山脈、アパラチア山脈南部のアセスメント作業においては、いずれも流域を単位とした資源評価を重視している。

　1997年に森林局長官に就任したドムベックは、魚類生物専門官出身ということもあって、就任以来繰り返し流域保全の重要性を強調しており、森林局が行う多くの事業は流域を意識したものとなりつつある。また、森林局の最重要の課題として市民と共同で資源管理にあたることをあげており、国有林という土地所有の枠を超えて多様な利害関係者の共同による資源管理に本格的に取り組みはじめている。こうした点で森林局は国民との共同による流域保全を基本方針として定着させたのであり、流域保全の主導者としての役割を果たしつつあるといえる。

4. ワシントン州における流域管理にむけた取り組み

　さて、前述のように自然資源管理に関わって州政府が大きな権限をもっていることから、流域管理具体化の中心的な役割を果たしているのは州政府である場合が多い。そこで、本節ではワシントン州を対象として州政府レベルを中心とした流域保全政策の展開を分析することとする。*

　ワシントン州政府は全国的にみても流域保全に対して先導的な取り組みを行っているが、さまざまな部局がそれぞれの立場から政策や事業を行っており、そのすべてを包括的に叙述することは困難であるばかりでなく、全体像を見失わせることにもなりかねない。そこで、その骨格と特徴を理解するのに必要な点に絞って述べることとする。

　流域保全にむけた政策手法としては、環境に負荷を与える行為に対する規制、生態系修復などによって保全を図る事業、そして土地所有者などが自発的に保全にむけた行為を行うよう動機づける誘導の3つがあげられ、さらに流域保全を総合的に達成するための調整政策がある。規制についてはサケ生息環境を保全するための森林施業規制について既に前章で詳細に述べたので、ここで改めて繰り返すことはしない。以下、事業については「環境のための雇用創出」、支援については保全地区事務所による農家の環境保全型経営への転換支援を取り上げ、最後に流域保全にむけた総合的な枠組みの形成施策について述べることとしたい。

4.1. 事業による流域保全——「環境のための雇用創出」事業

　ワシントン州では森林開発などに伴う生態系の劣化が深刻になってきたが、このことは次の2つの課題を生み出した。ひとつは現存する生態系を単に保全する

---

*——もちろんワシントン州以外にも、独自の流域保全に取り組んでいる州が数多くある。ワシントン州の南にあるオレゴン州は、ワシントン州と同様にサケ保全をめざした流域保全に取り組んでいるほか、五大湖周辺に位置するウィスコンシン州などでは、五大湖の水質を改善するために流域を単位とした水質保全のプロジェクトに積極的に取り組んでおり、農業による汚染軽減に大きな効果をあげている。また東部のマサチューセッツ州などでも水質保全をめざした流域保全プログラムに1970年代から取り組んでいる。

写真8-1 「環境のための雇用創出」事業で行われた生態系修復事業。河川に丸太を倒して魚類の生息域をつくっている。

だけではなく、劣化した生態系を積極的に修復・復元する必要性が強く認識されるようになったことである。2つめは、森林経営が生態系保全へと転換されることによって伐採量が急減したことであり、これにより山村地域において大量の林業関連失業者が生じ、その再雇用確保が重要な政策的課題となってきたことである。これに対して州政府は、山村地域の失業労働力を雇用して生態系修復を行う組織に補助金を提供することによって、2つの課題の同時的な解決にむけて貢献しようとし、1993年に「環境のための雇用創出」(The Jobs for the Environment)、1994年には「流域修復パートナーシッププログラム」(The Watershed Restoration Partnership Program) を実施し、さらに1995年には両者を統合して新しい「環境のための雇用創出」事業をスタートさせた。

この新しい事業の第1の特徴は、連邦政府が打ち出した同様の事業をも統合していることである。北西部森林計画の実行に伴って予測される山村地域への社会経済的な打撃を軽減するため、連邦政府も雇用創出・生態系修復のための補助金提供を行うこととしたが、州政府がこの補助金もあわせて「環境のための雇用創

表8-2 「環境のための雇用創出」事業補助金1995年度受給者一覧

受給者	金額 (ドル)	失業労働者 雇用人数	内容
コロンビアパシフィックRC&D	168,496	8	マスニー川流域での林道廃止・侵食防止
コロンビアパシフィックRC&D	72,000	9	スココーミッシュ川南股での侵食防止・斜面安定・植樹
コロンビアパシフィックRC&D	277,340	9	チハリス川などでの河川内で魚類生息場所修復
コロンビアパシフィックRC&D	300,000	7	チハリス川流域で河畔林造成・斜面安定など多様な事業
オリンピック半島基金	299,722	7	河川・河畔域・湿地での生態系修復作業
ホウ・インディアン部族	299,921	6	サケ生息地保護のための流域調査・河畔林修復
キナルト・インディアン部族	294,403	7	サケ生息地保護のための流域調査
スカギット保全地区事務所	300,000	13	河畔域フェンス作設、河川内生態系修復工事など
チハリス流域漁業タスクフォース	105,470	7	スチルマン川における生態系修復工事
ルミ・インディアン経済委員会	300,000	7	
ヌックサック・サケ増殖協会	300,000	3	ヌックサック川南股での細粒土砂流出抑制
レーヴィスカウンティー保全地区事務所	298,440	6	
州生態局	125,000	15	
アダプト・ア・ストリーム	298,822	5	

資料：ワシントン州魚類野生生物局資料
注：コロンビアパシフィックRC&Dは条件不利地域の振興を目的に連邦政府が援助して設立されたNPO、チハリス流域漁業タスクフォース、ヌックサック・サケ増殖協会はともに漁業関係者と地域住民によるサケ保全を目的としたNPO、アダプト・ア・ストリームは環境教育と河川生態系修復を目的としたNPO

出事業」として一元的に補助金を扱うことによって、事業実行を効率化するとともに、より地域のニーズに合った資金配分を可能とさせたのである*。

　第2の特徴は、特に劣化が懸念される河川の生態系修復に焦点を当てて、連邦・州・先住民・NPO・土地所有者など多様な主体間の協力関係を構築したうえで事業を実行しようとしている点であり、流域におけるパートナーシップ形成を明確に意識していることである。パートナーシップ形成を実質化させるために、州政府部局・自治体のみならず先住民族やNPOにも応募資格を与え、資金配分は関連州政府・連邦政府部局・先住民族・労働団体・環境NPOの代表によって構成する「環境改善・雇用創出作業グループ」が行うこととし、パートナーシップの形成を重要な採択基準とした。1995年度の事業授与実績を示したのが表8-2であ

＊──ただし国有林内で実行される補助事業については森林局が独自に資金分配を行っている。

るが、これをみるとほとんどすべての事業がNPOや先住民族団体に付与されており、これら組織を中心としたパートナーシップが形成されつつある。

　事例をあげてみると、地域環境保全に取り組んでいるNPOであるオリンピック半島基金は、この事業から資金援助を得て河川・河畔域・湿地を対象とした生態系修復事業に取り組んでいる。労働者の職種転換に伴う再教育については地元コミュニティー・カレッジ*が協力しており、後述する保全地区事務所と共同で、修復対象となる土地所有者である農家との協力関係を構築しているほか、環境教育やサケ保護を行っている他の地元NPOとともに、流域保全の必要性を地域住民へ広く伝える教育活動を展開しているのである。

　表8-2にみるように、財政的な制約から雇用創出数は約100名と必ずしも多くはないが、これまで破壊され劣化してきた生態系の修復を、多様な人々の協力を形成しながら行っていることに大きな意義がある。単なる工事を行う事業ではなく、補助金の分配によってNPOを育成するとともに、土地所有者や地域住民との協力関係形成を助長している点で、流域保全にむけて大きな貢献をしているといえよう。

4.2.　誘導による流域保全
　　　――保全地区による環境保全型農業経営への転換支援

　アメリカ合衆国では1930年代に大平原地帯において、農地荒廃と黄塵による生活環境破壊が進んだために、農地保全の重要性が認識され、1937年にはルーズベルト大統領が各州知事に対して、土地所有者が自ら農地保全に取り組むための組織設立を助長する法律を制定することを要請した。この要請に基づいて各州において法的整備が進められ、設立されてきたのが保全地区（Conservation District）である。ワシントン州では1939年に保全地区法が制定され、今日では48の保全地区が活動している。

　ワシントン州保全地区法から保全地区の特徴をみると、まず第1に地域の土地所有者25名以上の連名で設立要求を行うとしており、行政の下部組織としてではなく、農家が自主的に結成する組織であることが指摘できる。第2に事業内容と

＊――コミュニティー・カレッジとは、地域社会の必要に応じて教育の機会を提供する地域大学。

しては調査・研究、教育・デモンストレーション、土地所有者との協定締結などがあげられており、土地所有者が保全に取り組むためのスタッフ的機能を果たすこととなっている。なお、農業経営・技術一般に関する改良普及は、ワシントン州立大学を中心とする普及組織が行っており、保全地区は保全に特化した農家への援助を行っている*。

保全地区が現在行っている活動内容は、1930年代とは大きく異なってきている。先にも述べたように当初は土壌侵食防止による農地保全と黄塵による生活環境破壊の防止が大きな任務であったが、近年では農薬や肥料による水質汚染回避など新しい問題や各地域の特性に対応した多様な環境保全活動を展開するようになってきており、ワシントン西部においてはサケ生息域保全を中心とした河川・流域保全に焦点を当てるところが多くなっている。こうした活動について、オリンピック半島北部に位置するジェファーソン・カウンティー保全地区事務所（Jefferson County Conservation District；以下JCCD）を例にとってみてみよう。

JCCDは1946年に創設され、当初はボランティアによって運営され、機械の共同利用などを行ってきた。しかし、1980年代に農業による水質汚染が問題視されるようになり、州政府が汚染回避手段を講じるための資金を保全地区に配分するようになったことを契機に、スタッフを雇用して流域保全に取り組むようになってきた。現在州から1万ドル、カウンティーから2.5万ドルを基本的な運営資金として得ているが、このほかに連邦・州政府や財団などからさまざまな補助金等を得ており、年間財政規模は1995年度で8.3万ドルとなっている。公選制の5人の理事が運営にあたるが、日常的な運営は事務局長、一般事務員、モニタリング担当の3人によって構成される事務局にまかされている。事務局員はいずれも時間雇用職員である。

現在、流域の水質保全・生態系修復に集中して活動を行っており、その具体的な内容は以下のようになっている。まず第1は水質への負荷ができるだけ少ない農業経営に転換するための農家支援である。河川から家畜を隔離して直接的な汚染を防止するためのフェンス作設や、農薬・糞尿・肥料による水質汚染を最低限にするための農地利用法などに関する技術支援を行うほか、これら方策を実施す

＊──州によって役割分担の仕方は多少異なっており、例えばウィスコンシン州などでは普及組織が流域保全に積極的に関わっている。

写真8-2　放牧地に作られたフェンス。家畜が河川に入り込んで水質を汚染しないようにしている。

るための連邦農業補助金獲得の援助やボランティア労働力の組織化も行っている。ここで強調しておきたいことは、合衆国における農業補助金は水質汚染対策や野生生物生息域保全なども対象とするようになってきていることであり、これが農家の環境保全型経営への転換、ひいては流域保全を実現する手段となっていることである。[*102] 連邦農業政策の環境重視への転換が流域保全を支えるひとつの力となっているのである。

　第2に流域保全に関わる他の組織とも協力して生態系修復事業や教育活動などを行っている。例えば前節で述べたようにオリンピック半島基金が獲得した「環境のための雇用創出」事業補助金による事業実行に際して、JCCDは技術指導や農家との協力関係構築において大きな役割を果たしている。

　一般に経営に対して経済的な制約を与える流域保全の取り組みに対して農家は消極的になりがちであり、特に環境が前面に出てくるような事業には反発をもつ場合が多い。こうした点で保全地区事務所は、農家に対して資金獲得支援や教

＊──林業についても野生生物保全など、環境保全型経営への転換をねらった補助金が充実してきている。

育・デモンストレーション・技術援助などを行って、自主的な環境保全型経営への転換を促すとともに、農家と行政や環境保護団体との間に入って、農家の立場を守りながら両者の主張の調整を図るという機能を果たしており、農家が流域保全に積極的に関わるための推進役と橋渡し役となっているのである。

4.3. 流域保全にむけた枠組みづくり

さて、以上のような政策・事業は、縦割り行政組織の枠組みのなかで構想され実行されてきたため、個別政策・事業間の有機的な連携がとれないなどの問題点が明らかになってきた。このため州政府や流域保全に取り組む州民の間で、縦割り行政組織を超えた総合的な調整システムや、流域ごとの総合的な管理システムを構築する必要性が認識されはじめた。

そこで州政府は1990年代の半ばに入ってから本格的に流域保全の枠組みづくりに乗り出し、*1994年には流域に関わる政策や事業を総合的に調整する機構として、流域調整会議（Watershed Coordinating Council）を2年間の期限つきで設立した。流域調整会議のねらいがかなり大きいものであった一方で、その活動期間がわずかであったため十分な成果はあげられなかったが、州政府として流域保全に取り組むことを明確化し、縦割り行政システムの枠を超えて取り組む必要性を各部局に認識させた点が評価できる。

またこの会議での検討に際して環境局が区分した水資源調査地域（Water Resources Inventory Area；以下WRIA）を流域の基本的な範囲として利用することとし、これ以降、州政府の流域管理の枠組みはすべてこのWRIAを単位として組み立てられていくこととなった。**流域の範囲をどのように設定するかについて曖昧にしたままでは、政策枠組みの提示や政策・事業調整は困難であり、ワシントン州において統一した基準で流域の境界を区分し、これを各部局が共同で

---

* ——個別的には、既に1985年には州都オリンピアの近くを流れるニスクオーリー川を対象として総合的な流域計画を策定する法律を制定していた。
**——WRIAは、1971年に制定された水資源法に基づく水資源政策を実行するための基礎として、州全体を62の流域に分割したものであるが、現在ではNGOも流域管理の単位として利用している。

利用していることは重要である。*

　一方、前述のように1990年代後半になって数種のサケ科魚類が絶滅危惧種に指定されるおそれが高くなってきたため、指定回避をめざした取り組みが北西部諸州で活発化しはじめた。** ワシントン州ではサケ科魚類の生息数回復方針を設定するための環境アセスメントを行っているほか、1998年3月には絶滅危惧種指定回避をねらった一連の法律が州議会において成立し、4月1日に州知事が署名を行った。これら法律のうち主要なものの内容を簡単にまとめると以下のようになる。

　①（下院法2496号）知事直属のサケ回復事務局を設置し修復事業の優先順位づけを開始するとともに、回復計画の科学的レビューを行うための独立した科学パネルを設置する。

　②（下院法2514号）各流域ごとの流域計画策定の枠組みを設定し、流量の管理を行う。

　③（上院法6161号）2002年7月までにすべての酪農家に家畜の屎尿処理計画の樹立を求める。

　④（下院法2879号）小規模なサケ回復事業を行う市民に対する事業認可プロセスを簡略化する。

　⑤（上院法6324号）野生のサケが消失した河川に対して、生息回復を図るプログラムを魚類野生生物局に創設させる。

　このようにサケ科魚類の生息数回復に十分な政策とはいえないものの、かなり多面的な政策を打ち出しており、重要な一歩を踏み出したと評価できよう。なかでも②下院法2514号は単にサケ回復だけではなく、流域保全を進めるうえで重要な手法を各流域に与えているので、これについて少し詳しくみることとする。

　下院法2514号は流域計画法と呼ばれており、各WRIAごとに流域組織を結成して、河川水量の維持を中心とした流域管理に取り組む枠組みを設定し、これを州政府が支援することを主たる内容としている。まず流域組織は流域内に含まれる

---

* ――マサチューセッツ州をはじめとして、WRIAを基本として流域政策を展開している州は多い。一方、オレゴン州では流域の範囲を各地域の自主性にまかせて区分させることとしたため、より地域社会の実状に適合した区分が行われる利点がある一方で、州政府は全体の調整に苦慮している。

** ――例えばオレゴン州では1997年に「オレゴン・プラン」を策定し、サケ生息数の回復をめざした包括的かつ地域主導型の取り組みをスタートさせた。

すべてのカウンティー、最大の面積をもつ市町村、最大の水利権者の全員が合意したとき初めて設立することが可能であり、先住民や一般市民に対しても参加の機会を設けることとしている。

　流域計画において定める事項としては、河川流量の維持が魚類生息に最も重要であるということから、水供給・利用計画及び流量を増大させるための水利用効率化を必須の項目とし、さらに最低流量確保の方策や水質・魚類生息域保全措置についても計画事項とすることができるとした。また以上のような計画策定とその実行のために、各流域組織は州政府機関から専門的なスタッフ機能及び補助金の提供を受けることができるとし、補助金額は組織の形成について5万ドル、アセスメントに20万ドル、計画策定費用として25万ドルを一律に受給することができるとした。州議会はこの事業のために1999会計年度には390万ドルを予算化したほか、2000年度には900万ドルを予算化することとしている。

　これを受けてほとんどの流域で、カウンティーや先住民族などが中心となって流域組織の立ち上げにむけた作業が開始されており、既に流域計画の策定に取り組みだしている流域も数多く存在する。流域は認識しやすい生態系のまとまりであり、人々の関心が集まっているとはいえ、既存の制度的・社会経済的まとまりや縦割り組織を超えて、流域を単位とした自然資源の管理組織を下からつくり出すのには大きなエネルギーを必要とする。これに対して、州政府が流域を単位とした自然資源管理の枠組みを上からかぶせていくという政策手法によって、短期間のうちに州内の多くの流域において何らかの流域組織を立ち上げることができたのであり、この点で州政府がイニシアティブをもつ重要性が指摘される。

　一方で、こうした手法がもつ問題点も表面化している。第一の問題は流域の問題に取り組む意識が十分形成されていない地域がまだ多いという点であり、上からのイニシアティブで流域管理に取り組む組織が形成されても、実質的な機能を果たしえない場合が多いということである。流域組織形成の検討とアセスメントは行ったものの、計画策定に進む動機づけができないまま組織を解散してしまったり、組織を形成したものの共通の問題意識を形成するという段階でつまずいてしまっているところが既に生じている。繰り返し述べているように、エコシステムマネジメントは地域を基礎としてしか実行できない以上、上でいくら理想的な枠組みを提示してもそれは政策担当者の自己満足にしかすぎないのである。

一方、これと逆の問題が生じているのは、州政府による枠組みが提示される以前からNGOなどを中心とした流域保全活動が展開されていたところである。こうした下からの流域保全活動は、これまでの運動の蓄積を全く無視される形で上から新しい枠組みを押し付けられることに対して強い抵抗感をもったが、一方で自分たちの意志を反映させるために新しい枠組みに積極的に関与しなければならなかった。しかしこれらの活動がもっている人的資源は限られているために、新しい流域組織に対応するためには、これまでの運動を整理する必要に迫られたのである。このようにトップダウンで流域管理の枠組みがおろされてきたことによって、地域に大きな軋轢を生じさせ、地道な流域保全活動の取り組みを停滞させかねない状況に追い込んでしまう可能性を生じさせてしまった。*

　流域保全を進めるうえで、州政府が積極的にイニシアティブを発揮することは重要であるが、一方で上に示したような問題を解決できるように政策内容の転換を図っていくことが求められているといえよう。

5. 流域保全にむけた住民運動の展開

5.1. 全国レベルの運動

　合衆国では河川・流域保全に焦点を絞った環境団体が各地に設立され、活発な活動を展開してきているが、全国規模で運動を展開し流域保全活動のセンター的な役割を果たしているのはリバーネットワーク（River Network）である。

　リバーネットワークは1988年に設立されたが、その設立の目的は流域保全活動を直接行うのではなく、各地域での河川・流域保全活動の発展を援助することにある。流域環境問題は基本的には地域の問題であり、その解決は地域住民を主体とする運動によって行われるべきであるという考え方にたって、各流域で河川・流域環境改善に取り組む人々を援助し、全国的に運動を活発化させていこうとし

---

*――こうした問題は他の州でも指摘されている。例えばマサチューセッツ州でも州全体をカバーする流域管理の枠組みが提示されたが、ここでは自治体（タウンシップ）の権限が強く、多くの自治体は土地利用のあり方など地域資源管理の枠組みづくりを住民の議論をもとに形成してきていた。そこで自治体と州政府とのあいだで軋轢が生じるケースが頻繁に現れている。

ているのである。合衆国におけるこれまでの全国規模の環境保護運動はその多くが集権的な構造をもっていたのに対して、当初から地域活動支援を行うネットワーク型の運動をめざしている点でユニークな活動といえる。

　リバーネットワークは1995年に打ち出した「流域2000」という2000年までの計画をもとに活動しているが、この計画は今日の流域保全運動が何を課題としているのかを明確に示しており興味深いので少し詳しくみてみよう[103]。まず第1に、今日河川環境が、水質が汚染されたり、多くの淡水魚類が絶滅の危機にあるなど劣化しており、その基本的な問題は流域における土地利用にあるとしている。また河川環境の悪化の内容と土地利用上の問題は地域によって多様であるため、法律の制定などトップダウン式の方法では問題を解決できないという認識を示した。第2に、このような問題に対応するためには流域を単位とした下からの協力関係構築が解決の鍵を握るとして、現在約3000あるといわれている個別的な河川保全団体をもとに流域を単位とした協議会を組織し、土地所有者などとも協力した取り組みをつくろうとしている。第3に、リバーネットワークはこのような運動の組織化にあたって、すべての流域に対して直接的な支援を行うことは不可能であり、むしろ各地域ごとに経験を交流しながら運動を進めるべきであるとして、全国的な支援ネットワーク形成をめざしている。各州にネットワーク組織を設立するとともに、全米を5地域に区分してそれぞれにネットワーク組織を設立し、各地域固有の問題解決支援にあたることとしているほか、リバーネットワーク内に情報センターを設立して、各団体に技術的な支援を与えられるようにすることをめざしているのである。

　このように流域の問題が土地利用の問題にあることをはっきりとさせたうえで、流域レベルでの問題解決を図るための流域組織を設立し活性化させていくことをめざし、支援ネットワークを重層的に全国に張り巡らそうとしている。何を保全するかという課題設定は各流域にまかせ、どうやって進めるのかという手法を相互学習しようという点に運動上の大きな特徴をもっているといえよう。

　リバーネットワークはこれまでの経験や専門知識を基礎に、河川・流域保全活動に取り組む市民むけに技術的なハンドブックや利用可能な資金源ガイドを継続的に発行するとともに、[104]連邦環境保護庁と共同で全米の河川・流域保全団体をリストアップし、これを相互交流のためのデータブックとして発行している。ま

た、現在10以上の州で既にネットワーク組織が形成され、リバーネットワークと協力しながら流域保全の組織づくりを進めている。ワシントン州においても、ワシントン河川評議会が州内の流域保全活動支援に取り組んでいるので、項を改めて検討することとしよう。

5.2. ワシントン州における流域保全運動の組織化

　ワシントン河川評議会（Rivers Council of Washington；以下RCW）は、河川レクリエーション愛好家などが1984年に設立した団体で、当初は河川をダム建設や汚染などから守る活動を行ってきた。しかし河川の問題は流域全体を対象にしない限り解決を図れないことが会員の共通の認識となってきたことから、1993年には方針を大きく転換し、活動を流域保全に収斂させるようになった。この方針転換にあたってRCWは、流域保全を進めるためには地域住民の組織化が最重要の課題であることを認識し、スラムなどで住民組織活動の経験の長い活動家を新たに事務局長として迎えている。

　RCWは、すべてのWRIAに流域管理に総合的に取り組む流域協議会を設立することを目標としており、各流域に対して協議会組織化支援を行うとともに、住民運動の活性化を図るためにそのネットワーク化とリーダーの育成を行ってきている。RCWが発足した1993年当時は、州政府主導で設立した流域協議会がニスクオーリー川で形成されていたのみであったので、メソウ、ダンゲネス、キルシーンの3つの地域を流域協議会立ち上げのモデル地域として、各流域において8つの利害団体──経済、農業、漁業、レクリエーション、環境、地方政府、州政府、先住民──の代表が集まって流域全体のことを話し合う場を設定し、協議会の設立を軌道に乗せた。さらにその後も継続して他の流域での協議会の組織化や、利害対立の調整などにあたってきており、1996年には20の流域協議会が24のWRIAをカバーするまでに至っている。ただ、このように流域協議会の組織化が進展した要因は、RCWの活動のみに帰せられるものではなく、地域における流域への関心の高まりという基礎条件の形成と、州政府の流域に関わる政策展開があってはじめて実現したことを忘れてはならない。このほかに、RCWでは州内すべての河川・流域保全団体をWRIAごとに調査してデータベース化し、流域協

議会の立ち上げのための基礎資料とするとともに、各団体の相互交流・ネットワーク化や、リーダーの育成に役立っている。*また事務局員がいくつかの流域協議会に委員として参加し、問題解決・調停に大きな役割を果たしている。

以上のような活動を通じてRCWは州内の流域保全活動のセンターとして認知されるとともに、ロビー活動を通して流域保全関連法案の作成やその成立にむけた働きかけを行い、州政府流域保全活動に関しても一定の影響力を行使するようになっているのである。

ただし、RCWは1998年に事務局長と理事会との間で路線対立が表面化し、事務局長の解任という事態が生じたため、一時活動が停止状態に追い込まれ、活動の再建途上にある。このため、前述したような州政府による新しい政策に迅速に対応することができず、現在の活動はNGOによる既存の流域保全活動と上からおろされてきた枠組みの齟齬に関する調査活動を行い、NGOの政策要求を集約することに焦点を当てている。

いずれにせよリバーネットワーク・RCWとも、流域単位の草の根民主主義による問題解決を重視し、これに対して支援を与えていくという基本方針を共有している。RCWの流域協議会組織化の方法にみられるように、単に河川・流域保護団体を支援するのではなく、すべての利害関係者の協力関係構築を通した流域保全のしくみづくりを重視しているのである。これまでの環境保護運動はともすれば非妥協的な主張により対立を拡大再生産し、また地域社会への影響をほとんど考慮しないことが批判され、結果として反環境保護運動を活性化させるという側面をもっていた。[105] これに対して流域保全運動は、なによりも地域を主体とした環境問題へのアプローチを基本とし、様々な利害関係者の共同を基礎とした流域保全を達成しようとしている。地域づくりと環境保全をともに進めようとする新しい環境保全運動の形態なのであり、エコシステムマネジメントの担い手が大きく広がりつつあることを示しているといえよう。

---

*――これら情報はRCWのホームページに掲載され、誰でもアクセスできるようになっている。

6. 流域保全活動の事例
——ニスクオーリー川協議会

　ニスクオーリー川はカスケード山脈を源流として、首都オリンピアの北でピュージェット湾に注ぐ全長125km、流域面積19万7000ヘクタールの河川である。1985年に州議会はこの河川に関する総合的な流域計画の策定とその実行を州環境局に求める法律を可決し、流域保全に州政府が取り組む嚆矢となった。ニスクオーリー川が先導的なプロジェクト対象に選ばれたのは次のような理由であると考えられる。第1に最上流部はレーニア山国立公園、河口部は国立野生生物保護区となっているほか、シアトルをはじめとする大都市を擁し水質保全が重要な課題となっていたピュージェット湾の最奥部に流入しており、流域保全に取り組む重要性が高い河川であったこと、第2に流域の土地所有が国立公園などのほか連邦森林局・州立公園・州有林・先住民居留地・大規模社有林・農民など多様であり、多様な利害関係者による共同作業を進めるテストケースとして適合的だったこと、そして第3に州都オリンピア近くに流下し、州のシンボル的な河川であったことである。

　州環境局は総合計画策定にあたってニスクオーリー川作業部会を設置した。部会は連邦・州政府の関連部局、地方自治体、農民、森林所有者、先住民、環境保護団体などの代表からなり、部会の下に技術専門部会を設置して科学的な検討を重ねながら計画策定を行っていった。策定にあたっては環境局がスタッフ機能を提供したほか、州や連邦政府の各機関や先住民族政府に所属する専門家・研究者が専門知識の提供を行っており、こうした支援を活用しつつ、多様な利害関係者の議論に基づく合意形成が行われていったのである。策定作業は約2年間かけて進められ、1987年7月に最終案が議会で認可された。その目次と主たる内容を示すと表8-3のようであり、流域保全に関して包括的な方向性が打ち出されていることが読み取れよう。[106]

　この計画を実行するために図8-1に示したような組織がつくられている。組織の中心はニスクオーリー川協議会で、この協議会が全体的な方向づけと事業の調整を行っており、これに対して市民顧問委員会が市民の代表として助言や情報を与えているほか、事務局が幹事会的な役割を果たしている。ここで注意すべきこ

表8-3 ニスクオーリー川管理計画書の目次と基本方針

目次	基本方針
1. 鉱物資源	流域保全上コアとなる地域の開発抑制
2. 水資源	すべての河川で水質及び流量の維持・保護
3. 洪水管理	100年確率での洪水危険地域の開発抑制、河畔林保護、湿地保護により洪水の危険低減
4. 水産管理	土地所有者・政府・先住民族・河川利用者が共同でサケ科魚類の生息数の維持・増加と生息地保護に取り組む
5. 野生生物管理	土地所有者・政府・先住民族・河川利用者が共同で野生生物の生息数の維持・増加と生息地保護に取り組む
6. 特別な種・生息域	湿地・入り江を保護
7. 水力発電	ダムと魚類保護の折り合いをつけるために継続協議を行う
8. 経済発展	流域保全上コアとなる地域では自然資源利用型経済セクターの活動を優先させる
9. 土地利用計画	流域保全上コアとなる地域の土地利用計画は、既存の農林業だけではなくレクリエーション・自然資源の発展に資するようにする
10. 農林業地	流域保全上コアとなる地域では農林業地を維持するが、経済原則による両者間の移動は問題としない
11. レクリエーション	レクリエーション利用は基本的な公的機関の管理地で行うものとし、このような土地の購入・交換などを行う
12. 教育	流域一体・文化歴史などに焦点を当て、多様な人々の共同によって行われるべきである
13. 土地購入と保護	必要に応じて土地購入・ミティゲーション・固定資産税優遇措置などによる土地保全を図る
14. 管理主体	
15. 管理地域の境界	

とはこの協議会が特別な権限や指揮権をもっているわけではなく、参加している各主体が行う事業を流域保全の観点から調整したり、流域保全に貢献するよう誘導するといった側面支援を行おうとしていることである。多様な利害関係をもつ主体が共同して流域保全に取り組むのにトップダウン方式はなじまず、それぞれが主体的・自発的に、かつ効率的に参加できるようなしくみづくりが必要であり、その触媒の役割を協議会が果たしているのである。

　例えば協議会の議論のなかで、森林伐採が流域環境に大きな影響を与えないように伐採の場所や規模・方法を調整する必要性が指摘されたが、これに関して流域で活発な伐採活動を行っている大規模森林所有者と、サケ生息域保全に関わって流域全体の水質保全に高い関心をもっている先住民族との間で、集中的な議論

図8-1 ニスクオーリー川協議会組織図

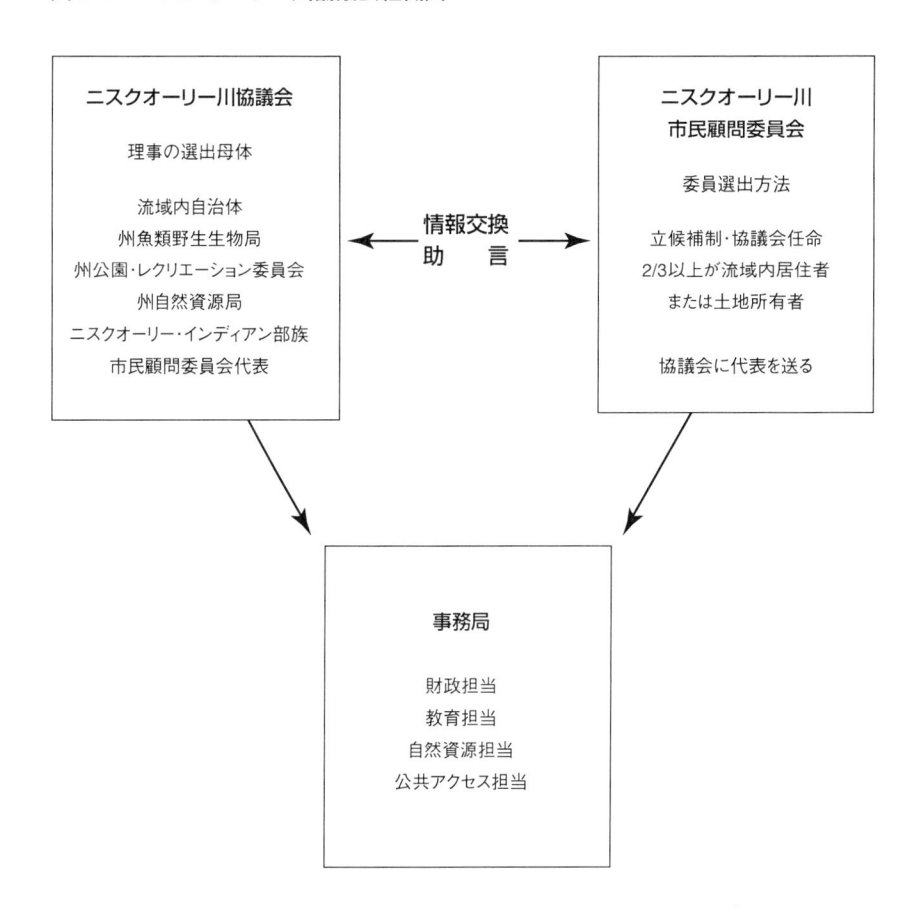

```
┌─────────────────────────┐          ┌─────────────────────────┐
│  ニスクオーリー川協議会  │          │   ニスクオーリー川       │
│                          │          │   市民顧問委員会         │
│     理事の選出母体       │          │                          │
│                          │  情報交換 │     委員選出方法         │
│     流域内自治体         │ ←──────→ │                          │
│   州魚類野生生物局       │   助 言   │   立候補制・協議会任命   │
│ 州公園・レクリエーション委員会 │    │  2/3以上が流域内居住者    │
│     州自然資源局         │          │     または土地所有者     │
│  ニスクオーリー・インディアン部族 │ │                          │
│    市民顧問委員会代表    │          │    協議会に代表を送る    │
└───────────┬─────────────┘          └────────────┬────────────┘
            │                                      │
            └──────────────┬───────────────────────┘
                           ▼
              ┌─────────────────────────┐
              │         事務局          │
              │                         │
              │       財政担当          │
              │       教育担当          │
              │     自然資源担当        │
              │    公共アクセス担当     │
              └─────────────────────────┘
```

を行って伐採地域や方法を調整するしくみが形成された。また、大規模森林所有者が所有する河畔林に対する伐採計画が問題となったときには、協議会が州政府内部での検討を要請し、州立公園・レクリエーション委員会が将来的な買い取りを申し出ることによって伐採の停止を実現している。こうした事例は多様な参加者のもち分を生かすことによって流域保全に取り組む重要性を示している。

　ニスクオーリー川流域保全活動の展開上重要なことは、トラスト・教育に関わる専門組織を別にもっている点である。ニスクオーリー川流域トラストは、企業や個人などからの寄付をもとにして流域保全上重要な箇所の土地買い取りを進め

ており、1995年末までに約76ヘクタールを取得している。また、ニスクオーリー川教育プロジェクトは、流域内の小学校から高校までの生徒に河川や流域に関わる理解を深めてもらい、流域社会の構成員としての自覚を育てることを目標とする環境教育プログラムを提供しており、地域の学校と共同で年間2000名近い生徒を対象に野外学習を実行しているほか、教師を対象としたワークショップなどにも取り組んでいる。このように流域保全に直接貢献するトラスト活動、長期的な流域保全の基盤を形成するための教育活動を同時的に進めていることが、流域保全活動をより活性化させているといえる。

　流域協議会組織が活発に展開している要因として、人的資源の充実に関しても指摘しておく必要がある。まず第1に州環境局が1名のスタッフを専任としてニスクオーリー川協議会の事務局に派遣している点であり、協議会の運営や州政府内部の事業調整などに大きな役割を果たしている。第2にニスクオーリー・インディアン部族が魚類生物学者など数名のスタッフを雇用して、サケ資源を中心として河川のモニタリングを続けるとともに、流域保全に積極的に関与していることである。スタッフの一人はトラストの代表をつとめるとともに、協議会での議論をリードしており、流域保全活動の組織化の中心的な役割を果たしている。第3に流域内の教育委員会が共同で流域環境教育の専門家を雇用しており、教育プログラムの展開に重要な役割を果たしている。このように専門的な知識をもった人間がフルタイムで、あるいはそれに近い形で流域保全に取り組んできたことの意義は大きい。

　以上のように協議会を中心として相互協力・信頼関係が形成されていたことから、前述の州政府による新しい流域管理の枠組みに対しても、ニスクオーリー・インディアン部族を中心に対応することができ、活動を前進する手段とすることができた。

7.　流域保全活動の基礎条件と展望

　以上のように、アメリカ合衆国では新しい自然資源管理パラダイムの実践としての流域管理が積極的に進められつつあるが、それが可能となった条件を改めて整理してみよう。

まず第1に、流域管理に対する住民の共通の目標・関心が設定できたことである。広大な流域を対象として保全・管理を進めるためには、住民・利害関係者の共同・協力関係を形成することが必要となるが、そのためには問題意識を共有することが前提となる。流域は人々の関心を比較的集めやすい単位とはいえ、広大な地域を対象とするため、日常生活や個別的な環境保全活動の視点からはさしせまった必要性を感じにくく、流域保全にむけた動機づけや問題意識の共有は困難である場合が多い。こうした点で、ワシントン州ではそもそも州民の関心を集めたサケ科魚類の保全が、上流から下流までを一体として考えざるをえない課題であったために、問題意識共有が比較的容易であったといえる。それとともに、活発な環境保全運動や行政の取り組みが州民の流域保全にむけた意識を啓発したこと、これまでの環境保全活動の総括にたって地域住民による下からの地域資源管理の取り組みが活性化してきたことが重要な役割を果たしていることも指摘されなければならない。このようにこれまで行われてきた多様な活動を基礎としてはじめて問題意識の共有が可能となったといえるのである。また、サケ科魚類の絶滅危惧種への指定がこうした活動を後押ししたことも忘れてはならない。

　第2に、政策枠組み全体が環境保全型へと転換してきており、そのなかで流域管理が可能となっている点である。連邦・州政府の各部局ともにその政策を新しい科学的知見と社会的要請にあわせて環境保全型へと転換しつつあり、直接・間接に流域保全に関わる政策も多くなってきている。そしてこれらの政策は、連邦政府・地方政府の役割分担と連携のもとに、規制・誘導・事業という3つの分野で有機的な連関をもちつつ形成されてきているのであり、流域保全を実行に移す重要な原動力となっている。

　第3に、流域保全活動を支援するための新たな形態の運動が活発化していることである。各流域は独自の課題と社会経済的構造をもっているがゆえ、流域保全は住民による下からの取り組みとその組織化なしに実行は不可能である。そこでこうした取り組みを支援し、各地の経験を生かしながら全体としての流域保全活動の水準を押し上げていこうという新しいネットワーク型の活動が展開してきている。こうした運動は地域における自主的な環境保全の取り組みを育成するという視点をもっている点において、環境保全運動の新たな地平を切り開くものといえる。

第4に、以上の動きを総合化する形で、各流域における保全の取り組みが活発化していることである。地方政府やネットワーク型NGOなどの支援を受けて、住民が協力関係を形成しつつ、多様な形態で提供される連邦・地方政府の関連政策を活用して、流域保全に取り組む流域が増加してきている。アメリカ合衆国における流域保全は準備期を終了して本格的な展開期に入りつつあるといえよう。

　以上から明らかなことは、流域保全活動は環境保全型政策体系の展開と新しいネットワーク型環境保全運動の蓄積があってはじめて全面的展開が可能となっている点であり、まさに環境政策と運動の総合力が問われている分野であるといえる。

　また政策・運動ともに各流域における自主的な取り組みを基本原則としており、これら自主的な取り組みをいかに支援するかを課題とせざるをえない。すなわち政策と運動の総合化と分権化をいかに進めるのかが問われているのであり、縦割り行政を打破して政策の総合化を進める強い指導力を発揮することと、地域の自主性を基本とする分権的体制を確立することのバランスが必要とされているのである。

　最後にひとつ指摘しておきたいことは、流域保全に取り組む多くの人々、特に運動に関わる人々が「流域共同体」の構築ということを強調しはじめていることである。[*]生態的なまとまりとして認識しやすく、また保全の取り組みを行いやすい流域に対する住民の帰属意識を醸成し、既存の行政単位や経済的な結びつきに縛られない新たな環境保全型共同体の創造を構想しているのであり、地域循環型の社会経済構造の再構築を射程に入れた主張も現れはじめている。この主張の合理性や実現可能性については慎重な検討が必要とされるが、流域保全の運動は単に環境保全を目的としているのではなく、環境保全型社会をいかに構築するかという視点をもった運動であること、そしてこうした性格をもった運動であるがゆえに新しい資源管理のパラダイム形成に貢献していることを認識する必要がある。

---

[*]——例えばRCWのスタッフに対する聞き取りにおいても流域保全活動の最終的な目標として流域社会の確立をあげているし、また自主的な地域資源管理において全米でも最も先進的な取り組みを行っているオレゴン州のアップルゲート・パートナーシップでも流域を単位とした共同体の構築をめざしている。

第9章 日本の自然資源管理のパラダイム転換にむけて

　以上、アメリカ合衆国における自然資源管理の最前線をみてきた。ここでは、今後、日本の自然資源管理の方向性を考えるうえで、何を学ぶべきかという観点から、これまでの叙述をまとめることとしよう。

　最初に、パラダイム転換以前の問題として、アメリカ合衆国の自然資源管理のしくみから何が学べるのかについてまずまとめてみたい。アメリカ合衆国が世界に先駆けて自然資源管理のパラダイム転換に取りかかることができたのは、その基礎となる自然資源管理のしくみによるところが大きい。転換を可能とした「基礎体力」は何だったのか、われわれはまず何に取りかからなければならないのかについて明らかにしたい。

　第2にエコシステムマネジメントは、その実行にあたってどのような課題をわれわれに課しているのか、それをどのように解決していくべきかについてみてみたい。これまで繰り返し述べてきているように、エコシステムマネジメントは既存の資源管理のあり方を大きく転換することを要求しているが、それはこれまで経験したことのない領域であり、手探りで進められなければならないものであった。そして、既存の社会的・経済的システムはこうした新しい管理のあり方を前提としていないがゆえ、当然のことながら大きな軋轢が生じることとなった。アメリカの経験は、新しい資源管理にむけて次の一歩をどう踏み出すべきなのか、そして次の一歩を踏み出したときにどのような問題が生じるのか、その問題にどう対処するべきなのかについて、貴重な教訓を提供してくれている。われわれは何を学ぶべきなのかについて検討を行いたい。

1. パラダイム転換を行うための基礎条件

1.1. 市民参加

　まず第1に指摘されなければならないことは、市民参加の機会が制度的に保障されているということの重要性である。第1章で述べたようにエコシステムマネジメントは多様な関係者の「共同・協力」を必要としており、自然資源管理にあたる行政機関がその意思決定にあたって市民参加を行うことが大前提とされている。

　合衆国における市民参加のしくみについては既に日本でも紹介されているので、ここでは国有林管理の事例から重要な点のみを確認しておくにとどめたい。①市民参加の機会が法制度的に保障されており、それは異議申し立てや訴訟の機会を保障することにまで及んでいる。②問題を絞り込む過程と計画案の検討という2つの段階で市民参加が保障されており、また計画案は複数の案が示されこれらを比較検討するなかで最良の計画を形成できるようになっている。③市民参加を支える制度が整備されており、例えば森林局が所有しているすべての情報について、国民が無料でアクセスすることができることは、市民参加を実質化するうえで大きな役割を果たしている。

　一方で、われわれが合衆国森林局の市民参加の経験から教訓としなければならないのは、市民参加のシステムをつくったからといって、それが有効に機能するとは限らないということである。森林局は市民参加を積極的に導入し、国民と森林局の密接な関係を構築し、管理の方向性をめぐる合意形成を進めようとした。そして、法律と規則によって市民参加を制度化するとともに、その実行のための詳細なマニュアルの整備を行った。しかし、10年に及ぶ計画策定過程は、市民参加は制度をつくっただけでは機能しないことを明らかにしている。日本においては国有林をはじめとする森林計画について1999年から市民参加が開始されたが、合衆国国有林の経験に照らして、制度をいかに実質化するのかが問われている。以下教訓として学べることを列挙してみよう。

① 地域レベルでの住民の意見を反映させるためには、組織が分権的であることが求められている。

② 組織に強いバイアスがかかっていると、住民からの意見を公正に判断して計画に反映することができない。
③ 市民参加にあたる職員が市民と対等な立場で真剣に取り組まない限り、住民の不信感を増幅させてしまう。
④ いずれにしても、単に市民からのコメントを集めるだけでは市民参加にはならない。市民との間にいかに相互コミュニケーション、相互教育の関係を構築し、問題意識と決定過程を共有できるかということが最も重要なことなのである。こうした関係を構築できない限り、市民参加は実質化しないし、深刻な対立・紛争、相互不信を引き起こしかねない。

1.2. 職員の多様性・専門性

　合衆国国有林の経験は、自然資源管理を行う組織において職員の専門性と多様性が確保されていることが、市民参加を保障するうえでも、パラダイム転換を行ううえでも重要な役割を果たしていることを明らかにしている。

　前項にも述べたように、合衆国における市民参加を実質化するうえで大きな障害となったのは、森林局がバイアスを抱えていたことであり、組織の中核にいた森林官が自分たちと対立する市民の意見を公正に取り扱うことができなかったことであった。この反省から、多様な市民の意見を公正に評価し、計画に反映させるためには、組織自体に多様性と自由な議論の場が確保されていることが必要とされ、またその議論の有効性を保障するためには、専門性の確保が必要とされることが認識されてきた。

　また森林局がエコシステムマネジメントへと転換しその実行にあたることができたのは、森林局において多様な専門性をもつ職員を雇用し、これら職員のなかで活発な議論が行われてきたからであった。すなわち、森林局の組織内に新しい資源管理の必要性を理解し主張できる専門家がおり、組織内にそうした主張を受け入れる土壌が形成されてきたことが方針転換を支えたのである。また、多様な専門家の共同を必要とするエコシステムマネジメントの実行へと比較的スムーズに移行できたのは、多様な専門家による共同作業の経験を積んでおり、またそれぞれの専門家が専門知識を磨きながら自分たちの勤務する地域に関する知識やデ

ータを蓄積していたからであった。以上の点から次のような点が教訓として引き出せる。
① 自然資源管理組織においては専門性が保障され、育成されることが重要である。わが国の行政組織一般にみられる短期での転勤、専門性より「ジェネラリスト」の重視を転換し、資源管理の「プロフェッショナル」を育成する必要がある。
② 組織において多様性が確保されていることが重要である。これはひとつには専門性や価値観の多様性の確保ということであり、もうひとつは組織内での自由な議論を保障するということである。ただし、官僚組織としての一体性の追求とどのように折り合いをつけるのかが考慮される必要がある。

1.3. 科学性の確保

　前項で述べた専門性の確保ということは、科学性の確保という課題と密接に関連している。エコシステムマネジメントは、複雑に絡み合った生態系を総合的に管理するために、最新の科学的な知識を駆使してあたることが求められている。
　合衆国国有林では管理組織内において専門性を重視した職員の養成を行ってきているほか、森林局付属の研究機関、大学などと密接な関係をもって、現場での調査・研究や、これに基づく新たな試みを実践してきていた。この実践のひとつである「新しい林業」はエコシステムマネジメントへの扉を開く直接的なきっかけとなったし、これまでの科学的経営の蓄積がエコシステムマネジメントを実行する基礎となったことが指摘できる。また、計画過程に環境アセスメント制度が位置づけられていたことも、計画や管理に科学性を確保する点で重要な役割を果たしていた。
① 科学に基礎を置いた自然資源管理を進めることが重要であり、そのための組織体制を構築することが求められる。前項でも指摘したように、組織内で専門的職員を養成すること、研究機関などとの密接な連携を保ちつつ、専門職員がその力量を十分発揮して資源管理にあたることができるようにすることが求められる。
② 計画立案過程などにも環境アセスメント制度を適用して、科学的に計画内容

の評価・検討を行うことが必要とされる。

1.4. 資源管理の主体としての市民の成長

　合衆国においては市民の多くが自然資源管理に関心をもち、様々な環境保護団体を結成し活発な活動を行ってきており、これら市民・団体が市民参加の機会を活用してその意見を反映させようとしてきたほか、マスコミなどを通じて圧力をかけたり、訴訟によって開発を阻止したり、政策の転換を行わせようとしてきた。このような活動が可能となった背景としては、個々の市民が自然資源管理に関する専門知識を積極的に獲得したり、環境保護団体が専門家を雇用して調査活動を行うなどして、森林局と対等な議論を行い、また訴訟を維持する能力を蓄積していることがあげられる。さらにいえば、これら市民のなかには、アップルゲート・パートナーシップや流域保全活動にみられるように、自ら資源管理の実際の担い手となり、また地域の問題を自主的に解決しようとする役割を果たすものも現れ、エコシステムマネジメントの展開を担いつつある。このように市民が資源の管理主体としての実力を着実に蓄積していることの重要性が指摘されなければならない。

① 市民が、自ら資源管理の担い手としての自覚をもって行政と対等に活動する実力を積み重ねていることが重要である。
② 以上のような市民活動の展開にあたっては、専門家の支援が重要である。行政組織に属する専門家も市民参加の機会などを通じて市民活動を支援することが求められる。

2. パラダイム転換
——何に、どう備えなければならないのか

　さて、エコシステムマネジメントを実行するにあたってわれわれが直面する課題を、合衆国自然資源管理の経験から7点にまとめ、それぞれの課題の内容とアプローチのしかたについて検討を行うこととしたい。

〈課題1〉エコシステムマネジメントの実行にはボトムアップが必要であるが、大胆な方針転換にはトップダウンが必要な場合が多い

　第1章で行った定義から明らかなように、エコシステムマネジメントは生態系の状態に焦点を当て、関係する人々が共同して、継続して取り組む必要があるという点で、ボトムアップで実行されるべきものである。

　一方、エコシステムマネジメントを実行に移す場合、これまでの資源管理のあり方を根本的に転換するという点で、下からの合意形成を待っていてはなかなか実行に移せないし、そもそもアップルゲート・パートナーシップのようにエコシステムマネジメントへ転換しようという動きが自然発生的に下から生じてくる場合は必ずしも多いとはいえない。

　例えば北西部森林計画の場合も世論が大きく分裂するなかで、下からの合意形成が困難であり、時間的にも制約されていたことから、大胆な方針転換がトップダウンで行われることとなった。その後の実行は地域ベースで行われることとなったが、トップダウンで導入されたしこりは残った。流域保全についても、下からの運動として多様な利害関係者や行政機関を流域単位で組織化することは困難なため、ワシントン州政府は全州的に流域保全推進の枠組みを上からかけたものの、流域レベルでの担い手が育っていないところでは州政府の働きかけは空まわりに終わり、一方で住民レベルの運動が組織されていたところではこれら運動との軋轢を生じさせた。

　このようにエコシステムマネジメントへの転換はトップダウンで行われることを必要とする場合が多くあるが、一方でエコシステムマネジメントの実行はボトムアップで行われなければならず、これはわれわれにとってパラドックスとして立ち現れる。[107] 日本のように必ずしも下からの資源管理の動きが十分形成されておらず、トップダウンがある程度必要とされる場合、この問題をどう考えていくかは大きな課題である。

　これに対して例えばニスクオーリー川流域協議会の事例は、トップダウンで枠組みがおろされていったものの、実際の計画策定やその実行はボトムアップで行うしくみとなっており、また流域住民が積極的にこれを担おうとしたため上記課題をクリアすることができた。すなわちトップダウンで方針転換を行ったとしても、その実行についてボトムアップを保障し、またこれを担う地域住民の動きを

育成するしくみを設けることによって、パラドックスを乗り越えることは不可能ではない。地域の取り組みをどれだけ実質化できるかが鍵なのである。

〈課題2〉広域の生態系のまとまりを単位として管理を行う必要があるが、管理のしくみは「人工的」につくり出さざるをえない

　課題1から地域の取り組みが重要であることが明らかになったわけだが、ここで問題となってくるのはエコシステムマネジメントにおける「地域」設定の難しさである。エコシステムマネジメントは広域の生態系としてのまとまりを対象とすることを求めている。しかし既存の行政界も、経済的・社会的なつながりも、このような生態系のまとまりを前提として形成されてはおらず、両者が一致しないことのほうが一般的である。また既存の行政システムや環境保護運動をはじめとする社会的組織は多くの場合、森林、川といった分野ごとに形成されており、生態系を丸ごと扱うようには形成されていない。すなわち、生態系のまとまりというのは「自然な」まとまりであることは確かだが、これを管理しようとすると、人工的に管理するシステムをつくり出さなければならないのである。

　例えば北西部森林計画では、生態系のまとまりを扱うため、様々な連邦官庁が地理的境界と縦割り行政の枠組みを超えて、協力関係を形成してきたのであり、このためにデータの集め方の基準の統一といった基礎的なことから、共同で資源管理の実行に至るまで膨大な作業をこなす必要があったのである。一方、既存の組織の改変まで手がつけられなかったがゆえに、調整のための組織を形成せざるをえず、官僚組織を複雑化させていってしまった。また、プロバンスを単位として実行することとしたが、ほとんどの人々は既存の行政界を単位とした思考に慣れ親しんでおり、自然のまとまりということを「実感」し、議論に参加することに大きな困難を抱えていた。

　流域という比較的認知しやすい生態系のまとまりについても同様なことが指摘できる。流域が一般の人にも認知しやすい単位とはいえ、既存の行政界は流域を超えて設定されている場合や、ひとつの流域のなかに異なる性格をもった自治体がいくつも含まれている場合がしばしばある。また人々の社会的なつながりや経済的つながりは道路などの交通網によって規定される場合が多く、流域が生活の単位として意識されている場合は少ないのである。

エコシステムマネジメントがボトムアップで実行されなければならない以上、住民がその必要性を感じ、自ら取り組もうとする意識が形成されることが前提となるのであり、生態系のまとまりを単位とした新しい「地域」の意識を形成していくことが重要となる。例えばニスクオーリー川協議会ではその活動の重点のひとつを教育に置き、流域の重要性、流域を単位として自然資源管理に取り組む必要性を広く知らせ、「流域住民」としての意識を形成させようとしていた。またアップルゲート・パートナーシップにおいては、より広く地域活性化の問題とも結合させて、住民に対して新しい地域認識を促し、自分たちの住んでいる「地域」をどうしていくのかについてともに考えてきている。生態系のまとまりを「自分たちの住んでいる地域の問題」として認識してもらえるようなしかけをつくっていくこと、またできるだけ地域住民が認識しやすいまとまりを考えていくことが重要である。

　なお、ここで強調しておかなければならないことは、縦割り行政を超えた協力関係の構築の重要性ということである。住民主体の資源管理が望ましいとはいえ、実際に事業を行うのはほとんどの場合行政機関であり、行政機関相互が縦割りを超えて協力できる関係を構築していない限りエコシステムマネジメントは画餅に帰してしまう。特に日本のように行政の権限と縦割り意識が強い状況のもとでは、この問題を解決できるかどうかは極めて重要である。

　例えば、流域保全を進めるにあたっては、行政機関の多くが環境保全政策と市民との連携構築の重要性を認識し、両者を積極的に組み込んだ政策展開を行っていたこと、またこれら政策展開は中央集権的にコントロールされるのではなく、地域の実情に合わせた形で実行できるように組み立てられていたことが大きな役割を果たしていた。すなわち、河川、水質や魚類の保全に直接関係しない行政機関も、住民や州政府のリーダシップのもとにそれぞれの立場から流域保全に取り組むことができたのであり、縦割りの枠を超えた協力関係を構築することができたのである。一方、北西部森林計画においては、連邦省庁間の協力関係の構築は上からの強いイニシアティブで可能となったのであり、縦割りの高い壁を突き崩すにはトップダウンが有効であることも示されている。

　各行政機関が環境保全・市民参加の実現にむけて大きく舵を切ること、縦割りを超えて協力関係を構築するために上からの強いイニシアティブを働かせるこ

と、一方具体的な実行に関しては各地域の自主性を基本とすることが求められているといえよう。

〈課題３〉高度の科学的知識を必要とするが、広範な参加を必要とする

　エコシステムマネジメントは、その地域に住む多様な人々の共同なくして実行できないという点で、またその実行はそこに住む人々の生活に様々な影響を与えるという点で、広範な人々が地域の自然資源管理の問題を認識し、議論し、合意を形成していくことが求められる。一方で、北西部森林計画でのプロバンス顧問委員会の経験から明らかなように、広大な、そして複雑に絡み合った生態系に関する基礎知識を獲得し、その社会経済との関係性を考え、どのように実際の管理を計画し実行していくのかという議論に加わることは、多くの市民にとって極めて困難である。ここではエコシステムマネジメントの実行にあたってますます高度な知識や的確な判断力を必要とされるということと、広範かつ実質的な参加をどのように達成するのかが問題とされる。

　これに対してTFWは各利害グループが代表を出して、専門的な交渉を行い、科学性に裏打ちされた方針を打ち出すということによってこうした課題をクリアしようとしてきた。また、アップルゲート・パートナーシップやニスクオーリー川協議会も同様に、中心となるメンバーが方向性を決める議論を行いつつ、一般住民に対する教育活動を行ったり、議論の機会を提供することによって、地域全体として取り組むしくみをつくろうとしている。

　北西部森林計画の実行をめぐる動きにしても、プロバンス顧問委員会で基本方向を設定する議論を行いつつも、一人一人の連邦職員が相互コミュニケーションに基づく市民参加を行って、問題意識と基礎的な知識の共有を図ろうとしている。このように積極的に市民に対する普及・教育活動を行い、幅広い参加を促しつつ、市民のなかで高度の議論に対応できる人材を育成していくこと、さらに高度な知識をもった中心的メンバーによる徹底的な議論の機会を保障すること、これらの手段を有機的に結びつけていくことが問題を解決する大きな鍵となると考えられる。

〈課題4〉共同の関係をどう形成するのか、ネットワークと官僚的意思決定システムは両立するか

　さて、上記の問題を別の角度からみると、エコシステムマネジメントは「共同」関係の構築を必須のものとするといっても、「共同」の中身は何か、それをどのように構築するのかという問題に行き当たる。

　第1章2及び第5章2においてエコシステムマネジメントのもとでの市民参加のあり方は、行政が市民の意見を聞いて実行するという形から、自然資源管理に関係する様々な人々が対等の立場で協力し実行する形に転換する必要があることを指摘した。しかし、多様な利害と価値観をもつ関係者が問題意識を共有し、一定の管理方針についての合意を形成し、それを実行していくことは極めて困難な作業が必要とされる。実際にエコシステムマネジメントを実行に移すためには集約的な議論が必要とされるが、一方で幅広い市民の参加をどのように保障するかを考えなければならないのである。

　例えばTFWやニスクオーリー川協議会は、上述のように中心メンバーによる集約な議論によって共同を実現させるという「間接民主主義」的な手法を用いた。特にTFWは実質的に州政府の規則の改変まで関係者の合意によって進めるという点で、関係者の共同が州の政策を動かすところまで到達している。一方で、TFWをめぐっては、私的なプロセスが公的なプロセスに取って代わっていくことの問題点、特に力の弱い参加者が交渉力を発揮できないこと、少数者が参加する機会が与えられないことが大きな課題として残されている。

　これに対してニスクオーリーをはじめとする流域協議会や、アップルゲート・パートナーシップは、相互理解や情報の共有を促進しつつ基本的な方針については合意をめざすが、個別的・具体的な事業についてはさらに関係者でつめていく、あるいは全体的な調整のなかで個々の組織が行っていくという形をとっている。ここではTFWのようなつめた議論とその実効性を確保することは困難であるが、できるだけ多くの人々の参加を得て、地域自然資源管理に共同してあたろうという意志を醸成する点で大きな成果をあげている。

　ここで究極的な問題となってくるのは、「誰でも参加でき、仲良く地域環境保全にあたる」——ネットワーク的な組織・行動様式——という機能と、「一定の方針を打ち出してそれを実行する」——官僚的な組織・行動様式——という機能をど

のように両立させるかということである。TFWは完成度の高い関係者の合意形成をつきつめたことによって、前者の機能を捨ててきたのであり、流域協議会などは厳格な実行性を犠牲にしつつ幅広い人々の共同意識の形成に力を発揮したといえる。それぞれ地域や問題領域の特性に応じて、2つの機能を組織的にどのように分離し、あるいは統一させていくかを考えていかなければならないのである。

〈課題5〉不確実な知識があっても、次の一歩を踏み出さなければならない
　　　　——適応型管理実行の問題

　エコシステムマネジメントを実行するにあたっては、不確実・不十分な知識を前提にしていかなければならず、このために適応型管理の導入が求められた。今回取り上げた事例で適応型管理を本格的に実行しているのはTFWであったが、これを支えているのは専門家の存在、その活動を支える財政、そして科学的根拠をもった次の一歩を見つけ出そうという参加者の間の緊張関係であったといえよう。

　一方、北西部森林計画をめぐっては、適応型管理の重要性が指摘され、その実験地も設けられたが、財政不足、スタッフの不足、さらには継続的にこれを担おうとするリーダーの不在から機能しているとはいいがたい状況にある。森林局が行政改革のなかで人員削減、財政削減が行われ、基礎的なデータ収集さえ満足にできないような状況に追い込まれるなど事態はむしろ悪化しつつある。地域住民とともにモニタリングを行うという動きも生じているものの、こうした共同によって適応型管理を担えるようなしくみをつくり上げているのはアップルゲート・パートナーシップなど例外的存在にすぎない。

　さらにいえば、TFWに示されているように、適応型管理は単にデータ収集だけにとどまらず、このデータの分析、分析結果に基づく現状の評価、新しい管理方針にむけた合意形成など継続的な活動を必要としており、これまで以上に参加者に対する負担を課してくる。これは今までのように行政機関だけで行うことは不可能であり、地域全体として資源管理を担っていくことが求められているのである。科学的な管理を支える専門家の育成や財政的な手当てを行うことが必要であることはもちろんであるが、先の課題2や3とも関わって、地域の人々が資源管理の問題をどれだけ自分の問題として認識しうるのか、そしてどれだけ実際の

管理に関与できるのかが問われている。

〈課題6〉社会経済問題と生態系保全を一体として考える

　エコシステムマネジメントは状態としての生態系保全を重視し、これまでの生産を中心とした考え方を転換するという点において、経済や社会との問題が軽視、あるいは無視されるのではないかという懸念が表明されてきた。社会との関係では新しい資源管理方針の社会的な受容性の確保という点では問題とされるものの、新しい方針が社会的にどのような影響を与えるのかという観点からはあまり問題にされてこなかった。また経済の問題にしても、例えば北西部森林計画が実施されるときに、予測される失業者の数や経済的打撃などに関する試算が行われたものの、どのようにして問題を克服していったらよいのかという検討はほとんど行われてこなかった。

　そもそも、これまでの国有林計画の樹立過程をみてもわかるように、自然資源管理を行うにあたって環境への影響評価は詳細に行われてきたものの、社会や経済に対する影響評価は十分行われてきたとはいいがたい。エコシステムマネジメントは経済・社会・生態系を統一的に考えるといっても、社会や経済との関係性を考える基礎が形成されてこなかったのであり、ここに北西部森林計画などに関して、山村住民の不満が高じる大きな原因があった。さらにいえば北西部森林計画では、経済対策は講じられたものの、資源管理と経済対策の有機的関係性は追求されなかったため、経済・社会・生態系を統一的に扱うというしくみを形成することができていないという問題を抱えている。

　一方、アップルゲート・パートナーシップなどは、地域の住民が主体となってエコシステムマネジメントを行おうとした試みだけに、自分たちの住む地域をどのようによくしていくのかという観点から、経済・社会・生態系の問題を統一的に考えようとする視点が当初から組み込まれていた。こうした視点が組み込まれていたからこそ、環境保全に関心をもつ人々から木材産業に従事する人々まで幅広い協力関係が形成できたのであり、地域活性化と生態系保全を同時に追求しようとするプログラムを立ち上げようとすることができたのである。また、流域保全活動も、地域を基礎に活動を展開しており、経済・社会・生態系の問題を統一的に考えようとしている視点をもっていた。

望ましい状態としての生態系を目標とするということは、それを支える持続的な社会のあり方を考えるということであり、自分たちの住む地域社会をいかに住みやすくするのかを考えることである。エコシステムマネジメントは結局のところ「地域づくり」につながってくるのであり、改めて地域を基礎とした取り組みの重要性が指摘できる。

〈課題7〉民主主義的政治手続きとエコシステムマネジメントは両立するのか

　合衆国におけるエコシステムマネジメントの政府レベルでの実行には、政治状況の変化が大きな障害となっていた。エコシステムマネジメントの導入は、自然資源管理に関わる大きなパラダイム転換であるだけに、その賛否について大きな政治的な対立があり、政治的な条件がそろって政府の基本的な方針として採用されても、政治情勢の変化によってこれがひっくり返される、あるいはブレーキがかけられてしまうおそれがある。これは変革期において避けて通れない状況であり、ある程度国民的な合意が形成されれば大きなゆり戻しはなくなるのかもしれない。しかし、そもそも自然資源管理は長期的な見通しに立って継続的に行われる必要があるが、一方で国の政策は政治情勢によって変化するのであり、自然資源管理政策の政治的民主制の確保と安定性の確保は矛盾する関係にある。

　もうひとつの問題は、これまで繰り返し述べてきたように、エコシステムマネジメントが適応型管理など行政計画やその実行に柔軟性を要求していることであり、行政に対して裁量権をもたせようとしていることである。一方、民主主義的政治手続きを確保するためには、予算や法律の制定などを通して行政に対して議会がコントロールを行うことが必要とされる。特に日本では、行政権限がこれまで強かったということもあって、行政の裁量権をいかに小さくし、議会のコントロールのもとに置くのかということが課題となっている。ここでは民主主義的政治手続きと、行政の裁量権の確保をどのように両立させるかが大きな問題となってくるのである。

　この問題に対しては、分権化を図り、資源管理の現場にできるだけ近いところで政治的決定を行うとともに、行政の裁量権に関わる部分に関して市民参加をより実質化させることが解決の糸口となるであろう。そして地域社会がこうした分権制と参加の機会を生かして共同の力による資源管理のしくみをつくり上げるこ

とが重要となってくる。アップルゲート・パートナーシップ、TFW、流域保全などが成果をあげている要因のひとつはこうしたしくみをつくってきているからだと考えられる。

3. パラドックスを超えて

　以上をまとめると、最初に指摘されなければならないことは、エコシステムマネジメントは「総合力」の勝負である、ということだ。対象とする自然資源管理に関わる様々な分野における専門知識やデータが蓄積されていること、これを担う専門家が存在していること、行政機関が市民参加や環境保全政策の展開を行っていること、行政機関も市民団体も縦割りを超えようとしていること、専門家や行政官とわたりあえる市民が育っていること、自立的な持続的な地域社会をつくりこれを担おうとする市民の活動があること、そしてこれら様々な活動を調整し共同・協力関係を構築しようとしていること――エコシステムマネジメントへの転換というと華々しいが、地道な個別的な努力の積み重ねのうえではじめて可能となるのである。

　第2に指摘しなければならないのは本章2で述べてきたように、エコシステムマネジメントの概念自体がパラドックスを抱えているということである。「自然」のまとまりとしての生態系を管理するには「人工的」に組織をつくり出さなければならない、その実行はボトムアップで行われなければならないが大胆な方針の転換にはトップダウンが必要とされる場合が多い、ますます高度の科学的知識を必要とされるが一方でますます広範な市民を巻き込んだ共同・協力関係をつくらなければならない、知識は限られているけれど次の一歩を踏み出さなければならない、など相反する課題を同時に追求しなければならないことを要求しているのである。

　当然のことながら、こうした課題に対する定型化した答えは用意できない。しかし、だからといってパラドックスは全く解決できないものではない。アメリカ合衆国の経験はこうしたパラドックスを解決するためには多様な人々の間の議論、共同・協力関係の構築が重要であることを示している。そして、TFWやアップルゲート・パートナーシップなど、下から、地域からの問題解決にむけた取

り組みが極めて重要な役割を担っていることが明らかになっている。また、パラドックスという課題の性格上、いずれの試みも完全な解答を示せているわけではなく、今もパラドックスの間でより良い答えを探そうとして苦闘していることもおさえておく必要がある。こうした点で、パラドックスはわれわれに常に課題に挑戦させ続ける緊張を与えてくれているのかもしれない。[108]そうであれば、パラドックスの前で立ちすくむよりは、むしろこれをより良い次の一歩を踏み出すための思考を支援するものとして積極的に評価し、認識する必要がある。

　いずれにせよこれからの自然資源管理は、決まったマニュアルに従って、それをこなしていけば達成できるものではなく、不確実性とパラドックスのなかで次の一歩を探していくことが求められている。そして次の一歩を見出すために必要とされているのは、データ・知識の継続的収集と資源管理に関与する人々の間でのその共有であり、これをもとにした開かれた議論であることが認識されなければならない。

　日本において最大の弱点はこの点であると思われる。科学的な根拠をもったデータを集めオープンにすること、問題を共有し将来の方向性を見据えるために誰もが参加できる議論の場を設けること。結局のところ、こうした当たり前のことを手を抜かずにやることが必要なのである。

　そしてそれは地域ということにこだわって行われることが求められる。住民が地域のよさを再認識し、自分たちがより住みやすい地域をつくっていこうとする意識が出発点に据えられない限り、新しい資源管理といってもそれは研究者や行政の自己満足に終わってしまい、その試みが成功することはおぼつかない。資源管理のパラダイム転換にむけた動きを見据え、地域社会がこれを地域のなかで捉え返し、地域づくりの武器のひとつとしていくことが求められるのではないだろうか。

おわりに

　本書の冒頭にも述べたように、今日の自然資源管理のあり方は根本的に問いなおされている。それは単に、技術的な問題にとどまるものではなく、社会や経済のあり方、自然と人間の関係のあり方自体が問題とされている。そうした点で、地球温暖化・廃棄物・エネルギーなどと共通の問題基盤をもっており、持続可能な社会の構築という大きな課題の一環をなすものといえよう。

　こうした課題を達成するためには、人々の「意識改革」と、社会経済構造の根本的な転換が必要とされるが、当然のことながらそれは一朝一夕に可能なものではない。現実を踏まえたうえでの着実な歩みが求められているが、それはこれまで経験したことのない領域に踏み込むことを意味しており、手探りで進むことを強いられることとなる。

　日本における持続可能な社会構築へのあゆみは、残念ながら遅々としたものである。政策形成にしても、専門家の育成にしても、社会運動の広がりにしても他の先進国に大きく後れをとっていることは疑いようがない。一方、後れをとっているということは、他国でどのような試みが行われ、それがどのような成果をあげ、どのような問題を残したのかを学ぶことができるという利点をもっていることも意味している。そしてその「利点」を最大限生かすためには、他国の試みをお手本としてまつりあげるのではなく、その成果と問題をリアルに見極めることが重要である。

　私は、これまで国内外で数多くの自然資源に関わる専門家・研究者、あるいは市民活動家に対する聞き取りを続けてきたが、多くの人が共通して語っていたのは「こうすればうまくいくということはいえない。これをやってはいけない、これに気をつけなくてはいけない、ということならいえる」ということだ。最先端にたって道をきりひらいている人々の活動をマニュアル化することは極めて難しい作業であるし、後に続くものがマニュアルどおりにやってうまくいくような、なまやさしい仕事ではない。そうであるなら、こうした人々の仕事を「お手本」

として学ぶというよりは、その人々の「苦悩」を理解できるようになることが大切なのではないだろうか。

本書は、アメリカ合衆国自然資源管理に携わる人々の「苦悩」を描こうとしたものである。合衆国の自然資源管理は長い実践の蓄積、活発な研究活動、強い影響力をもった環境保護運動が相まって、世界でも最前線の試みを展開してきた。そのなかで、それに関わる人々は、新しい考え方を実行するための政策や計画を作成するために産みの苦しみを味わい、実行するにあたっては社会的・制度的な軋轢や不確実な科学知識に翻弄されてきた。彼らはどのようなことに悩み、それをどのように解決しようとしているのだろうか。この悩みを「共感」できるようになること、そのなかで持続可能な社会を構築する道すじを探ろうとすることが本書の目的である。これから本格化するであろう日本における自然資源管理の転換において、何らかの参考になれば幸いである。

本書の基本的な部分は、1995年7月から1996年8月にかけてワシントン大学森林資源学部に客員研究員として在籍していたときの調査・研究に基づくものである。同学部のロバート・リー教授には副学部長という激務にもかかわらず、多くの助言をいただいた。また、森林局、州政府、NGO、企業など数多くの方々に聞き取り調査の機会を与えていただき、私の質問に答えていただいただけではなく、率直に意見や問題を語っていただいた。特にマウントベーカー・スノコールミー国有林のハンセンミューレイ夫妻は、数多くの聞き取りにつきあっていただいただけではなく、資料を提供していただいたり、様々な会議の傍聴の機会を与えていただいた。これらの方々に深謝の意を表したい。

なお、本書のいくつかの章は、これまで発表した論考を大幅に改稿したものである。

第3章「合衆国における国有林改革──その現状・要因・展望──」『日本林学会誌』79(2)、1997年

第4章「アメリカ合衆国北西部国有林におけるエコシステムマネジメントの現状と課題」『林業経済学会誌』43(1)、1996年

第5章「90年代におけるアメリカ合衆国国有林の市民参加──エコシステムマネジメントのもとで──」『森林計画学会誌』29、1997年

第7章「ワシントン州における森林施業規制の形成――サケ科魚類生息域保全をめざして――」『野生生物保護』3(2)、1998年

　第8章「アメリカ合衆国における流域管理――ワシントン州における流域管理を中心に――」『水利科学』246・247、1999年

　本書の出版にあたって、仲介の労をとっていただいた熊崎実先生、刊行をお引き受けいただいた築地書館の土井二郎氏、また編集にあたって細やかな助言をいただいた橋本ひとみ氏に厚く御礼申し上げたい。

参考文献

1 —— 柿澤宏昭（1996）「森を考える」，『環境とライフスタイル』（鳥越皓之編著），有斐閣．
2 —— 柿澤宏昭（1994）「水産資源保全のための流域森林整備に関する研究」，『水利科学』220．
3 —— 山本信次（1994）「都市近郊林の「社会的管理」にむけた都市住民参加の現状と課題」，『林業経済』553．
4 —— 鬼頭秀一（1996）『自然保護を問いなおす――環境倫理とネットワーク』，筑摩書房．
5 —— 日本生態系保護協会（1996）『ドイツの水法と自然保護』．
6 —— 平松紘（1999）『ニュージーランドの環境保護』，信山社．
7 —— 本項の記述にあたっては以下の文献を参考とした．Dana, S.T. & Fairfax S. K. (1980) *Forest and Range Policy*, McGraw-Hill Book Company., Hirt, P.W. (1994) *A Conspiracy of Optimism*, University of Nebraska Press.
8 —— Pickett, S.T.A. & Ostfeld, R.S. (1995) Shifting Paradigm toward Natural Resources, In *A New Century for Natural Resources Management* (Eds. Knight, R. L. & Bates, S. F.), Island Press.
9 —— Cortner, H.J. & Moote, M. A. (1998) *The Politics of Ecosystem Management*, Island press.
10 —— Nelson, R. H. (1995) *Public Land and Private Rights*, Powman and Little field Publishers.
11 —— Yaffee, S. L. (1994) *The Wisdom of the Spotted Owl*, Island Press.
12 —— Jones, J. R., Martin, R. & Bartlett, E. T. (1995) Ecosystem management : The U. S. Forest Service's response to social conflicts, *Society and Natural Resources* 8, 161-168.
13 —— エコシステムマネジメントについては数多くの文献が出版されているが代表的なものを以下に示す．
American Forest and Paper Association (1994) *Sustainable Forestry Principles and Implementation Guidelines*., Boyce, M. S. & Haney, A. Eds (1997) *Ecosystem Management*, Yale University Press., Cortner, H.J. & Moote, M. A. (1998) *The Politics of Ecosystem management*, Island Press.,The Ecological Society of America (1996) The report of the ecological society of America, Committee on the scientific basis for ecosystem management, *Ecological Applications* 6 (3)., Forest Ecosystem Assessment Team (1993) *Forest Ecosystem Management: An Ecological, Economical and Social Assessment*., Grumbine, R. E. (1994) What is ecosystem management?, *Conservation Biology* 8 (1)., Interagency Ecosystem Management Task Force (1995) *The Ecosystem Approach Vol.1*., Keystone Center (1996) *The Keystone National Policy Dialogue on Ecosystem Management*., Kohm, K. A. & Franklin, J. F. Eds. (1997) *Creating Forestry for the 21st Century*, Island Press.
14 —— Lee, K. N. (1993) *Compass and Gyroscope*, Island Press.
15 —— Yaffee, S. L. *et al*. (1996) *Ecosystem Management in the United State*, Island Press.
16 —— 合衆国の連邦有地管理全般に関しては，Zaslowsky, D. & Watkins, T. H. (1994) *These American Lands*, The Wilderness Societyを参照のこと．国有林の史的展開に関しては，大田伊久雄（2000）『アメリカ国有林管理の史的展開――人と森の共存は可能か』，京都大学出版会，が参考となる．また，環境保護の観点から国有林と国立公園の歴史と現

状を論じたものとして，畠山武道(1992)『アメリカの環境保護法』，北海道大学出版会，がある．
17——本項の記述にあたっては，伊藤太一(1993)『アメリカの森林環境保全の黎明』，京都大学，Zaslowsky, D. & Watkins, T. H. (1994) *These American Lands*, The Wilderness Societyを参考とした．
18——Hirt, P.W. (1994) *A Conspiracy of Optimism*, University of Nebraska Press.
19——Clair, J. S. (1992) It comes from within, *Forest Watch*, 12 (7).
20——USDA Forest Service (1982) *Public Participation Handbook*.
21——国有林の財政システムに関しては，O'Toole, R. (1992) *Citizen's Guide to the Forest Service Budget*, Cascade Holistic Economic Consultants., Sample, V. A. (1990) *The Impact of the Federal Budget Process on National Forest*, Greenwood Pressなどに詳しい．本稿の記述もこれら著書を参考とした．なお，木材生産に関わる会計制度をわかりやすく説明したものとして，大田伊久雄(1998)「国有林経営の実態と木材生産」，『アメリカ林業と環境問題』(村嶌由直編著)，日本経済評論社．所収がある．
22——O'Toole, R. (1988) *Reforming the Forest Service*, Island Press.
23——Franklin, J. F. (1990) Thoughts on applications of silvicultural systems under new forestry, *Forest Watch*, 10 (7)., Swanson, F. J. & Franklin, J. F. (1992) New forestry principles from ecosystem analysis of Pacific Northwest forests, *Ecological Applications* 2.
24——Shepard, B. (1990) Seeing the forest for the trees: "New Perspective" in the Forest Service, *Renewable Resources Journal* 8 (2).
25——Salwasser, H. (1991) Diversity-New Perspective for sustaining diversity in U.S. National Forest System, *Conservation Biology* 5.
26——USDA Forest Service (1991) *Critique of Land Management Planning Vol.1 〜 10*.
27——USDA Forest Service (1995) National Forest System Land and Resource Management Planning; Proposed rule, *Federal Register* 60.
28——The Committee of Scientists(1999) *Sustaining the People's Lands ; Recommendation for Stewardship of the National Forests and Grasslands into the Next Century*, USDA Forest Service.
29——USDA Forest Service (1999) National Forest System Land and Resource Management Planning; Proposed rule, *Federal Register* 64.
30——Gore, A. (1993) *Creating Government That Works Better and Costs Less*, Government Printing Office.
31——USDA Forest Service (1994) *Reinvention of the Forest Service*, USDA Forest Service.
32——Dale, R. (1995) Downsizing: A solution or just another problem? *Different Drummer* 2 (2).
33——Mitchell, R. C., Mertig A. G. & Dunlap, R. E. (1992) Twenty years of environmental mobilization: Trends among national environmental organization, In *American Environmentalism*. Dunlap, R.E. & Mertig, A.G. (eds.), Taylor and Francis.
34——Yaffee, S. L. (1994) *The Wisdom of the Spotted Owl*, Island Press.
35——Kaufman, H. (1960) *The Forest Ranger*, Resources for the Future.
36——Kaufman, H. (1975) The natural history of human organization, *Administration and Society* 17 (2).
37——Twight, B. W., Lynden, F. J. & Tuchman, E. T. (1990) Constituency bias in a

federal career system? A study of district rangers of the U.S. Forest Service, *Administration and Society* 22.
38 —— Brown, G. & Harris, C. C. (1993) The implications of work force diversification in the U.S. Forest Service, *Administration and Society* 25 (1).
39 —— Kennedy, J. J. (1991) Integrating gender diverse and interdisciplinary professionals into traditional U.S. Department of Agriculture Forest Service tradition, *Society and Natural Resources* 4.
40 —— Bullis, C. A. & Kennedy, J. J. (1991) Value conflicts and policy nterpretation: Changes in the case of fisheries and wildlife managers in multiple use agency. *Policy Studies Journal* 19 (3-4).
41 —— Brown, G. & Harris, C. C. (1992) The United States Forest Service: Changing of the guard, *Natural Resources Journal* 32.
42 —— Region 1 supervisors (1989) An open letter to the chief from Region 1, *Inner Voice* 2(1).
43 —— Ebonis, J. (1991) Retrenchment in the Forest Service: Hardliners oust Mumma in the Northern Rockies, *Inner Voice* 3(5).
44 —— Axline, M. (1996) Forest health and the ethics of expediency, *Environmental Law* 26.
45 —— Echeverria, J. & Eby, R. B. (1995) *Let the People Judge*, Island Press.
46 —— Williams, T. (1996) Defense of the realm, *Sierra*.
47 —— Halvorsen, K. E. (1996) *Employee Responses to the Incorporation of Environmental Complexity into the USDA Forest Service*, Unpublished Ph.D. Dissertation, University of Washington.
48 —— Forest Ecosystem Management Assessment Team (1993) *Forest Ecosystem Management: An Ecological, Economical, and Social Assessment*.
49 —— USDA Forest Service and USDI Bureau of Land Management (1994) *Record of Decision for Amendments to Forest Service and Bureau of Land Management Planning Documents within the Range of the Northern Spotted Owl, Standards and Guidelines for Management of Habitat for Late-Successional and Old-Growth Forest Related Species within the Range of the Northern Spotted Owl*.
50 —— 1996年4月12日に行った聞き取り調査による.
51 —— Regional Community Economic Revitalization Team (1995) *Annual Report*.
52 —— Walker, B.G. & Daniels, S.E. (1996) The Clinton administration, the Northwest Forest Conference, and the managing conflict: When talk and structure collide, *Society and Natural Resources* 9.
53 —— Echeverria, J. & Eby, R. B. (1995) *Let the People Judge*, Island Press.
54 —— Cortner, H.J. et al. (1996) *Institutional Barriers and Incentives for Ecosystem Management*, USDA Forest Service.
55 —— USDA Forest Service (1991) National Forest System Land Management Planning : Advanced notice of proposed rule making, *Federal Register* 56 (32).
56 —— Office of Technology Assessment (1992) *Forest Service planning*, Congress of the United States, Office of Technology Assessment.
57 —— Russel, J.W. et al. (1991) *Critique of Land Management Planning, Vol.5, Public Participation*, USDA Forest Service.
58 —— Hirt, P.W. (1994) *A Conspiracy of Optimism*, University of Nebraska Press.

59——Coffin, T. & Newman, D. (1996) NFMA/RPA: "Bottom-up" versus "top-down" power, Paper presented at the 6th ISSRM.
60——Clary, D.A. (1986) *Timber and the Forest Service*, University Press of Kansas.
61——Knudsen, K. & O'Toole, R. (1991) *Good Intentions : The case for repealing the Knutson-Vandenberg Act*, Cascade Holistic Economic Institute.
62——Blahna, D.J. & Yonts-Shepard, S. (1989) Public involvement in resource planning : Toward bridging the gap between policy and implementation, *Society and Natural Resources* 2.
63——Magill, M. (1991) Barriers to effective public participation, *Journal of Forestry* 89 (10).
64——Cortner, H.J. *et al.* (1996) *Institutional Barriers and Incentives for Ecosystem Management*, USDA Forest Service.
65——Lee, K.N. (1993) *Compass and Gyroscope*, Island press.
66——USDA Forest Service (1993) *Strengthening Public Involvement*, USDA Forest Service.
67——USDA Forest Service Region 6, *et al.* (1994) *Building Better Decisions : A Handbook for Collaborative Public Participation in Federal Natural Resources Decisions*.
68——Daniels, S. E., Walker, G. B., Carroll, M. S. & Blatner, K. A. (1996) Using collaborative learning in fire recovery planning, *Journal of Forestry* 94(8).
69——Preister, K. (1994) *Words Into Action : A Community Assessment of the Applegate Valley*,The Rogue Institute for Ecology and Economy.
70——1996年8月7日に行った聞き取り調査による.
71——KenCairn, B. (1995) A community-based approach to forest management in the Pacific Northwest : A profile of the Applegate Partnership, In *Natural Resources and Environmental Issues Vol.5*, Utah State University.
72——1996年7月29日に行った聞き取り調査による.
73——Dana, S. & Fairfax, S. (1980) *Forest and Range Policy*, McGraw-Hill.
74——トラスト財産については, Soulder, J. & Fairfax, S. (1995) *State Trust Land*, University of Kansas Pressに詳しい. 本章の記述もこの著書によるところが大きい.
75——Dana, S. & Fairfax, S. (1980) *Forest Resource Policy*, McGraw-Hill.
76——Cubbage, F., O'Laughlin, J. & Bullock, C. (1993) *Forest Resource Policy*, John Willey & Sons.
77——Salazar, D. (1965) *Political Process and Forest Practice Regulation*, Unpublished dissertation, University of Washington.
78——Cubbage, F., O'Laughlin, J. & Bullock, C. (1993) *Forest Resource Policy*, John Willey & Sons.
79——州政府の森林政策や私有林への支援政策に関しては, 村嶌由直編著 (1998)『アメリカ林業と環境問題』, 日本経済評論社を参照されたい.
80——本章の記述の多くは *Different Drummer* Vol.3 No.2 (1995) による.
81——このような手法については以下の文献を参照されたい. Amy, D.J. (1986) *The Politics of Environmental Mediation*, Columbia University Press., Crowfoot, J.E. & Wondolleck, J.M. (1990) *Environmental Disputes*, Island Press., Reed, C.M. (1994) Mediation and new environmental agenda, In *Mediating Environmental Conflicts*, Blackburn, J. W. *et al.* eds., Quorum Press.

82 —— Lee, K. N. (1993) *Compass and Gyroscope*, Island Press.
83 —— これらの経緯に関しては，Cohen, F.G. (1986) *The Treaties on Trial*, University of Washington Pressに詳しい．
84 —— Pinkerton, E.W. (1992) Translating legal rights into management practice, *Human Organization*, 51.
85 —— Dick, M. R. (1987) Washington State pioneers new management approach, *Journal of Forestry* 85(7).
86 —— TFW (1987) *Timber/Fish /Wildlife Agreement: Final Report*.
87 —— Amy, D.J. (1986) *The Politics of Environmental Mediation*, Columbia University Press.
88 —— Pinkerton, E. W. (1992) Translating legal rights into management practice, *Human Organization*,51.
89 —— Washington Forest Practice Board (1995) *Standard Methodology for Conducting Watershed Analysis Version 3.0*.
90 —— TFW (1988) *First Annual Review*.
91 —— Pinkerton, E. W. (1992) Translating legal rights into management Practice, *Human Organization*, 51.
92 —— Freidenburg, M.E. (1989) The new politics of natural resources: Negotiating a shift toward privatization of natural resource policy making in Washington State, *Northwest Environment Journal* 5.
93 —— Halbert, C.L. & Lee, K. N. (1990) The Timber, Fish, Wildlife Agreement: Implementing alternative dispute resolution in Washington State, *Northwest Environment Journal* 6.
94 —— Naiman, R.J., Bisson, P.A., Lee, R. G. & Turner, M.G. (1996) Approaches to management at the watershed scale, In *Creating a Forestry for the 21st Century*, Kohm, K.A. & Franklin, J.F. Eds, Island Press.
95 —— Doppelt, B., Scuelock, M., Frissel, C. & Karr, J. (1993) *Entering Watershed Management*, Island Press.
96 —— この経過については，Cone, J. (1994) *A Common Fate*, Henry Holtを参照のこと．
97 —— Cubbage, F. W., O'Laughlin, J. & Bullock III, C. S.(1992) *Forest Resource Policy*, John Willey & Sons.
98 —— Environmental Protection Agency (1995) *Watershed Protection: A Project Focus*.
99 —— Environmental Protection Agency (1997) *Catalog of Federal Funding Sources for Watershed Protection*.
100 —— 渓畔林研究会（1997）『水辺林の保全と再生にむけて』，日本林業調査会．
101 —— USDAFS, BLM (1994) *Standards and Guidelines for Management of Habitat for Late-Successional and Old-growth Forest Related Species of the Northern Spotted Owl*. 流域分析については，柳井清治（1998）「北アメリカ・北ヨーロッパにおける河畔林の管理と河畔環境の再生（I）」，『水利科学』41(4)が詳しい．
102 —— 服部信司（1992）『先進国の環境問題と農業』，富民協会，及び服部信司（1996）『大転換するアメリカ農業政策』，農林統計協会を参照のこと．
103 —— River Network (1995) *Watershed 2000*.
104 —— Bolling, D. M. & River Network (1994) *How to Save River*, Island Press., River Network (1996) *Starting Up-A Handbook for New River and Watershed Organizations*,

River Networkなどが代表的なものである．
105──例えば，Echeverria, J. & Eby, R.B. (1995) *Let the People Judge*, Island Pressあるいは *Different Drummer* 3 (3) の環境運動特集号などを参照のこと．
106──Nisqually River Task Force (1987) *Nisqually River Management Plan*, Washington Department of Ecology.
107──Cortner, H.J. & Moote, M. A (1998) *The Politics of Ecosystem management*, Island Press.
108──Cortner, H.J. & Moote, M. A (1998) *The Politics of Ecosystem management*, Island Press.

索　引

【ア行】

アースファースト！　60
新しい林業　54, 182
アップルゲート・パートナーシップ　106, 183, 184, 187, 188, 189, 190, 192
アパラチア山脈　7, 16, 22, 73, 159
アメリカ森林官協会　10
異議申し立て　44, 61, 90
ウィークス法　22
ウィルダネス　23, 69
ウィルダネス法　23
エコシステムマネジメント　3, 6, 20, 53, 54, 97, 152, 180
オープンハウス　103

【カ行】

カウンティー　82, 149, 168
科学者委員会　57, 101
攪乱　9
河畔管理域　141
河畔林　76, 109, 134, 136, 137
カリフォルニア州　119
環境ADR　132, 138, 148, 150
環境アセスメント　36, 42, 105
環境アセスメント制度　2, 3, 10, 25, 45, 182
環境影響評価書　44, 94
環境教育　39, 176
環境局（ワシントン州）　121, 139, 173
環境調停　132
「環境のための雇用創出」事業　160, 165
環境保護運動　8, 10, 23, 60, 66, 72, 93, 116, 172, 185
環境保護団体　112, 138, 146, 148, 151, 183
環境保護庁（連邦政府）　114, 156, 170
環境保全型経営　165
「環境倫理のための森林局職員の会」　63
基本法　21
共同　14, 17, 54, 57, 87, 99, 101, 102, 106, 149, 152, 172, 174, 180, 187, 188, 192
協力関係の構築　11, 14, 39, 79, 103, 126, 192
共和党　17, 58, 65
魚類野生生物局（連邦政府）　16, 19, 56
魚類野生生物局（ワシントン州）　121, 125, 139
クリントン政権　11, 16, 56, 61, 74
計画体系（国有林）　40, 57, 93
経済再活性化チーム　81
経済調整イニシアティブ（Economic Adjustment Initiative；EAI）　81, 88
原生・景観河川法　24
原生林　10, 26, 73, 138
原生林保護地区　127
現地検討会　103
広域生態系　2, 130, 152
公共資源　139
公聴会　46, 103
公有地　21
公有地管理官　124, 135
国有資源地　19, 74, 78
国有林　7, 10, 18, 53, 73, 91, 159, 180, 182
国有林会計システム　47
国有林管理署　28, 41, 49, 59, 94
国有林管理署長　28, 35, 44, 58
国有林管理法　25, 40, 91
国有林計画策定規則　56, 101
国有林職員　61, 95, 110, 113
国立公園　18
国立公園局　16, 19, 56
国家環境政策法　24, 36, 42
顧問委員会　102
コラボレーティブ・ラーニング（共同学習）　105
コロンビア川　16, 65, 73, 134, 159

【サ行】

裁量権　92, 191
サケ　126, 132, 154, 155, 167, 177
サケ生息域保全　134, 137, 139, 164, 174

203

シエラクラブ　60, 66, 112
シエラネバダ山脈　16, 73, 159
自然資源委員会　125
自然資源局（ワシントン州, Department of Natural Resources；DNR）　121, 122, 134, 139
自然保護地区　124
私的土地所有権　130
「自発性に基づく集中」　62
市民参加　3, 34, 45, 91, 111, 150, 180, 188
市民集会　46
私有財産保護　67, 90
州有林　115
州立公園　120, 126
州立公園・レクリエーション委員会（ワシントン州）　121, 126, 175
小規模森林所有者　148
省庁間エコシステムマネジメント作業グループ　16
省庁間協力　78, 99
情報公開　34, 46
情報公開法　47
女性職員　39
知床国有林　1
人員削減　59, 69
森林エコシステムマネジメントアセスメントチーム（FEMAT）　74, 85, 87
森林会議　74, 85
森林火災　51, 115, 118, 123
森林官　34, 36, 62, 80
森林局　16, 18, 21, 28, 29, 56, 114, 159
森林局長官　28, 71
森林区　28, 59
森林計画　41, 45, 58, 60, 92
森林警察官　34
森林施業委員会　125, 145, 150
森林施業監督官　124, 142
森林施業規制　115, 116, 119, 123, 130, 153
森林施業不服審査委員会　143
森林・牧野再生可能資源計画法（Forest and Rangeland Renewable Resources Planning Act；RPA）　25, 40
森林ボランティア　2
水圏生態系　74, 131, 153, 159
水質保全法　128, 156
スコーピング　43, 46, 94

スミス・レバー法　117
青秋林道　1
生息地保全計画　123
生態系修復　77, 86, 161, 164
成長管理法　149
絶滅危惧種　3, 123, 126, 133, 144, 155, 167
絶滅危惧種法　24, 128
遷移　9
先住民族　134, 138, 146, 154, 162, 168
専門性　35, 40, 62, 181
組織改革　58

【タ行】
第1地方森林管理局　64
第1地方森林局長　71
代替案　42, 44
縦割り行政　14, 79, 178, 186
多目的の管理　20, 94
多目的利用　10
多目的利用・保続収穫法　23
多様性　35, 72, 181
地域エコシステム事務局　78, 87
地域資源管理　68, 72, 101, 108, 112, 149, 151, 155, 177
地域社会　1, 35, 81, 95, 102, 108, 191, 193
地域政策　81, 88
地方指針　41
地方森林局　28, 58
地方森林局長　28, 42, 58, 93
ディープエコロジー　12
適応型管理　15, 85, 86, 100, 102, 111, 144, 189, 191
適応型管理試験地　85, 89
土地管理局　16, 19, 56, 74, 78
土地倫理　54, 63
トップダウン　86, 92, 157, 169, 170, 174, 184, 186, 192
トラスト財産　115, 121, 122

【ナ行】
ニシヨコジマフクロウ　26, 53, 61, 73, 80, 91, 97, 138, 144
ニスクオーリー川教育プロジェクト　176
ニスクオーリー川協議会　173, 184, 186, 187, 188

ニスクオーリー川流域トラスト　175
ニューパースペクティブ　54
ニューヨーク州　116，119
ネットワーク　170，171，177，188

【ハ行】
パートナーシップ　39，162
バイアス　94，181
パラダイム転換　3，179
パラドックス　184，192
反環境保護運動　66，90，100，131
ビオトープネットワーク　3
ピンショ　21，34
不確実性　9，15，193
普及指導　116
複合的影響　9，136，141
プロバンス　78，84，97
プロバンス顧問委員会（Provincial Advisory Committee；PAC）　84，89，98，100，187
分権　16，30，34，51，72，102，178，180，191
北西部　26，59，155
北西部インディアン漁業協会　136，147
北西部森林計画　73，97，153，161，184，185，187，189，190
保護　7
補助金　82，157，165
保全運動　7，21
保全地区　163
ボトムアップ　184，192
保留林法　21

【マ行】
マイノリティー　38
マウントベーカー・スノコールミー国有林管理署（Mt. Baker Snoqualmie National Forest；MBS国有林）　30，59，69
水資源調査地域（Water Resources Inventory Area；WRIA）　166，171
民主党　17
木材・魚類・野生生物協定（Timber Fish and Wildlife Agreement；TFW協定）　132，137，144
木材生産（国有林）　23，32，64，76，86，94
木材販売（国有林）　48

モニタリング　15，39，86，101，109，144

【ヤ行】
野外レクリエーション部局間委員会（ワシントン州）　121
野生生物管理　39，120，128
野生生物専門家　62
野生生物専門官　39，49，80
野生生物保護区　19

【ラ行】
リーダーシップ　89，112，113，186
リバーネットワーク　169
流域　76，136，152，185
「流域2000」　170
流域協議会　171，188
流域共同体　110，111，178
流域計画　168
流域計画法　167
流域組織　167
流域調整会議　166
流域分析　76，141，159
流域保全　57，77，109，151，183，184
流域保全アプローチ　156
利用者負担制度　69
レーガン政権　25，60，93
レクリエーション　23，26，32，48，51，69，127
レンジャー　28，96
連邦審議会法　87
連邦有地　18，22
ローズベルト　21

【ワ行】
ワークショップ　103
ワイズユース運動　67
ワシントン河川評議会　171
ワシントン環境協議会　135，143，147
ワシントン州　26，81，121，130，160
ワシントン森林保護協会　136，145，147
ワシントンファームフォレストリー協会　136，147，148

【A～Z】
DNR→自然資源局（ワシントン州）
EAI→経済調整イニシアティブ
FEMAT→森林エコシステムマネジメントアセスメントチーム
IDチーム　43, 46, 63, 95, 145
KV基金　49, 52, 69, 86, 94
MBS国有林→マウントベーカー・スノコールミー国有林管理署
NGO　4, 17, 169, 172
NPO　157, 162
RPA→森林・牧野再生可能資源計画法
RPAアセスメント　40, 93
RPAプログラム　40
TFW　187, 188, 189, 192
TFW協定→木材・魚類・野生生物協定
WRIA→水資源調査委員会

著者略歴───柿澤 宏昭（かきざわ　ひろあき）
1959年 横浜市に生まれる
1984年 北海道大学大学院農学研究科修士課程修了
現在 北海道大学大学院農学研究科環境資源学専攻森林保全学講座助教授
専門分野は、森林政策、ロシア森林保全、先進諸国の自然資源管理

主要共著書
『環境とライフスタイル』（有斐閣、1996）
『森林環境保全マニュアル』（朝倉書店、1996）
『諸外国の森林・林業』（日本林業調査会、1999）
『世界の木材貿易構造』（日本林業調査会、2000）
『水辺域管理』（古今書院、2000）

エコシステムマネジメント

2000年7月17日　初版発行

著者————柿澤宏昭
発行者———土井二郎
発行所———築地書館株式会社
　　　　　　東京都中央区築地7-4-4-201　〒104-0045
　　　　　　TEL 03-3542-3731　FAX 03-3541-5799
　　　　　　http://www.tsukiji-shokan.co.jp/
　　　　　　振替00110-5-19057
組版————ジャヌア3
印刷所———株式会社平河工業社
製本所———富士製本株式会社
装丁————中垣信夫十渡邊真理子

© Hiroaki Kakizawa 2000 Printed in Japan
ISBN4-8067-1205-1 C0030

環境・開発問題関連図書とロングセラー

◉総合図書目録進呈いたします。ご請求はTEL 03-3542-3731　FAX 03-3541-5799まで。

沈黙の川
ダムと人権・環境問題

パトリック・マッカリー[著]　鷲見一夫[訳]
4,800円＋税

大規模ダム開発から集水域管理の時代へ。世界各地の河川開発の歴史と現状を、長年にわたるフィールド調査と膨大な資料からまとめあげた大著。曲がり角にある日本の河川行政に大きな一石を投じる書。

砂漠のキャデラック
アメリカの水資源開発

マーク・ライスナー[著]　片岡夏実[訳]
6,000円＋税

「『沈黙の春』以来、もっとも影響力のある環境問題の本」と絶賛された大ベストセラー。アメリカの公共事業の構造的問題を暴き、その政策を大転換させた大著。いまだにダム建設を続ける日本の公共事業に疑問を投げかける書。

三峡ダム
建設の是非をめぐっての論争

戴晴[編]　鷲見一夫＋胡暐婷[訳]
◉2刷　4,800円＋税

中国の学者や専門家が徹底論究し、発禁処分となった話題の書。貴重な情報を満載。
◉日本経済新聞評＝40編におよぶ論文、解説、インタビューによって、三峡ダム建設の問題点をあますところなく描きだしている。

三峡ダムと日本

鷲見一夫[著]
3,200円＋税

三峡ダム建設の問題点を詳細に検証。日本の政・財・官・学各界の動きを詳細にトレースすることで、日本の公的資金の使い方の問題点をも浮き彫りにする。「巨大ダム開発の世紀」の終焉を予感させるレポート。

四万十川・歩いて下る

多田実[著]
◉5刷　1,800円＋税

◉野田知佑氏(読書人評)＝行政による凄まじい自然破壊が報告されている。自然保護に関心のある人には必読の本。読むべし。
◉山と渓谷評＝川を通して、自然と人との関わりを考えさせられる一冊。

河川の生態学 [補訂・新装版]

水野信彦＋御勢久右衛門[著]
◉3刷　2,900円＋税

人工化が進んだ日本の水辺環境を甦らせる河川環境調査の基本書。
「多自然型川づくり」に必要不可欠な知識である河川の環境とそこに棲む生物たちを知るのに格好のテキストである。

公共事業と環境の価値
CVMガイドブック

栗山浩一[著]
◉3刷　2,300円＋税

環境の経済評価の一手法としてアメリカで開発された「CVM」。この手法を、公共事業など、日本独自の問題を視野に入れて、より客観的な評価ができるように解説した。専門家はもとより、一般市民をも対象にしたガイドブック。

環境評価ワークショップ
評価手法の現状

鷲田豊明＋栗山浩一＋竹内憲司[編]
2,700円＋税

環境の自然科学的評価と社会科学的評価の接点を求め、経済学・工学・農学などの領域を超えて展開。環境評価の現状を概観するとともに、6種類の個別事例を用いて、環境評価研究の最前線をわかりやすく紹介する。